U0215056

极简开发者书库

极简SQL
新手编程之道

关东升◎编著

清华大学出版社
北京

内 容 简 介

本书是一部系统论述 SQL 编程语言的理论和实际应用技术的图书，全书共分为 12 章，包括编写第一个 SQL 程序、MySQL 数据库、MySQL 表管理、视图管理、索引管理、修改数据、查询数据、汇总查询结果、子查询、表连接、MySQL 中特有的 SQL 语句、MySQL 数据库开发。

另外，每章后面安排了"动手练一练"实践环节，旨在帮助读者消化吸收本章知识点，并在本书附录 A 中提供了参考答案。为便于读者高效学习，快速掌握 SQL，本书作者精心制作了完整的教学课件、源代码与微课视频，并提供在线答疑服务。

本书适合零基础入门的读者，也可作为高等院校和培训机构的教材。

图书在版编目（CIP）数据

极简 SQL：新手编程之道/关东升编著. —北京：清华大学出版社，2023.6
（极简开发者书库）
ISBN 978-7-302-63973-2

Ⅰ. ①极…　Ⅱ. ①关…　Ⅲ. ①SQL 语言－程序设计　Ⅳ. ①TP311.132.3

中国国家版本馆 CIP 数据核字（2023）第 117109 号

策划编辑：盛东亮
责任编辑：钟志芳
封面设计：李召霞
责任校对：申晓焕
责任印制：沈　露

出版发行：清华大学出版社
　　　　网　　　址：http://www.tup.com.cn，http://www.wqbook.com
　　　　地　　　址：北京清华大学学研大厦 A 座　　　邮　　　编：100084
　　　　社 总 机：010-83470000　　　　　　　　　邮　　　购：010-62786544
　　　　投稿与读者服务：010-62776969，c-service@tup.tsinghua.edu.cn
　　　　质量反馈：010-62772015，zhiliang@tup.tsinghua.edu.cn
　　　　课件下载：http://www.tup.com.cn，010-83470236
印 装 者：三河市铭诚印务有限公司
经　　销：全国新华书店
开　　本：186mm×240mm　　印　张：10.75　　　　　　字　　数：244 千字
版　　次：2023 年 8 月第 1 版　　　　　　　　　　　印　　次：2023 年 8 月第 1 次印刷
印　　数：1～1500
定　　价：59.00 元

产品编号：101203-01

为什么写作本书

无论对于软件开发人员,还是数据分析人士,抑或是从事数据处理的相关人员,SQL 都非常重要,但目前市场上帮助初学者入门并进阶的 SQL 图书并不多。广大读者亟待有一本能够快速入门的编程图书。"极简开发者书库"秉承讲解简单、快速入门和易于掌握的原则,是为新手入门而设计的系列图书之一。本书是其中讲授 SQL 的图书。

本书读者对象

本书是一本 SQL 入门及进阶读物。无论读者是计算机相关专业的大学生,还是从事软件开发、数据分析和数据处理的人员,本书都适合阅读。

相关资源

为了更好地为广大读者提供服务,本书提供了配套**源代码、教学课件、微课视频和在线答疑服务**。

如何使用书中配套源代码

本书配套源代码可以在清华大学出版社网站本书页面下载。

下载本书源代码并解压,会看到如图 1 所示的目录结构,其中 chapter3~chapter12 是本书第 3~12 章示例代码所在的文件夹名。

图 1 目录结构

打开其中一章代码文件夹,可见本章中所有示例代码。如图 2 所示为第 3 章示例代码,其中"3.2.3 选择数据库.sql"文件是 3.2.3 节相关的 SQL 源代码文件。

图 2　第 3 章示例代码

致谢

感谢清华大学出版社的盛东亮编辑为本书提供宝贵意见。感谢智捷课堂团队的赵志荣、赵大羽、关锦华、闫婷娇、王馨然、关秀华和赵浩丞参与本书部分内容的写作。感谢赵浩丞手绘书中全部草图，并从专业的角度修改书中图片，力求更加真实完美地奉献给广大读者。感谢我的家人容忍我的忙碌，并给予我关心和照顾，使我能投入全部精力，专心编写此书。

由于笔者水平有限，书中难免存在不足之处，恳请读者提出宝贵意见，以便再版时改进。

关东升

2023 年 5 月于齐齐哈尔

知 识 图 谱
CONTENT STRUCTURE

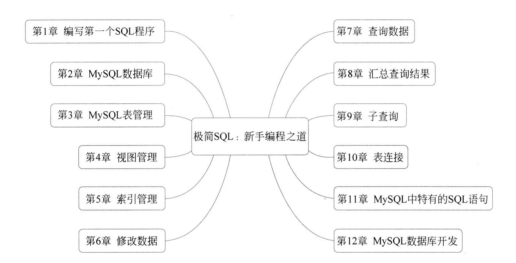

第1章 编写第一个SQL程序

第2章 MySQL数据库

第3章 MySQL表管理

第4章 视图管理

第5章 索引管理

第6章 修改数据

极简SQL：新手编程之道

第7章 查询数据

第8章 汇总查询结果

第9章 子查询

第10章 表连接

第11章 MySQL中特有的SQL语句

第12章 MySQL数据库开发

目录
CONTENTS

第 1 章　编写第一个 SQL 程序 ┈┈┈┈┈┈┈┈┈┈┈┈┈ 1

▶ 微课视频 17 分钟

1.1　SQLite 数据库 ┈┈┈┈┈┈┈┈┈┈┈┈┈┈┈┈┈┈ 1

　　1.1.1　安装 SQLite 数据库 ┈┈┈┈┈┈┈┈┈┈┈┈ 2

　　1.1.2　通过命令行访问 SQLite 数据库 ┈┈┈┈┈┈ 4

1.2　编写 Hello World 程序代码 ┈┈┈┈┈┈┈┈┈┈┈ 5

1.3　关系数据库管理系统 ┈┈┈┈┈┈┈┈┈┈┈┈┈┈┈ 6

　　1.3.1　Oracle ┈┈┈┈┈┈┈┈┈┈┈┈┈┈┈┈┈┈ 6

　　1.3.2　SQL Server ┈┈┈┈┈┈┈┈┈┈┈┈┈┈┈ 7

　　1.3.3　DB 2 ┈┈┈┈┈┈┈┈┈┈┈┈┈┈┈┈┈┈┈ 7

　　1.3.4　MySQL ┈┈┈┈┈┈┈┈┈┈┈┈┈┈┈┈┈┈ 7

1.4　SQL 概述 ┈┈┈┈┈┈┈┈┈┈┈┈┈┈┈┈┈┈┈┈ 7

　　1.4.1　SQL 标准 ┈┈┈┈┈┈┈┈┈┈┈┈┈┈┈┈ 8

　　1.4.2　SQL 句法 ┈┈┈┈┈┈┈┈┈┈┈┈┈┈┈┈ 9

1.5　动手练一练 ┈┈┈┈┈┈┈┈┈┈┈┈┈┈┈┈┈┈┈ 10

第 2 章　MySQL 数据库 ┈┈┈┈┈┈┈┈┈┈┈┈┈┈┈┈ 11

▶ 微课视频 24 分钟

2.1　MySQL 概述 ┈┈┈┈┈┈┈┈┈┈┈┈┈┈┈┈┈┈ 11

　　2.1.1　MySQL 的主要特点 ┈┈┈┈┈┈┈┈┈┈┈ 12

　　2.1.2　MySQL 的主要版本 ┈┈┈┈┈┈┈┈┈┈┈ 12

2.2　MySQL 数据库安装和配置 ┈┈┈┈┈┈┈┈┈┈┈ 12

　　2.2.1　在 Windows 平台安装 MySQL ┈┈┈┈┈ 12

　　2.2.2　在 Linux 平台安装 MySQL ┈┈┈┈┈┈┈ 23

　　2.2.3　在 macOS 平台安装 MySQL ┈┈┈┈┈┈ 28

2.3　图形界面客户端工具 ┈┈┈┈┈┈┈┈┈┈┈┈┈┈ 33

　　2.3.1　下载和安装 MySQL Workbench 工具 ·················· 34

　　2.3.2　配置连接数据库 ······································· 34

　　2.3.3　管理数据库 ··· 38

　　2.3.4　管理表 ··· 42

　　2.3.5　执行 SQL 语句 ·· 42

　2.4　动手练一练 ··· 44

第 3 章　MySQL 表管理 ··· 45

▶ 微课视频 50 分钟

　3.1　关系模型的核心概念 ··· 45

　　3.1.1　记录和字段 ··· 46

　　3.1.2　键 ··· 46

　　3.1.3　约束条件 ··· 47

　3.2　管理数据库 ··· 48

　　3.2.1　创建数据库 ··· 49

　　3.2.2　删除数据库 ··· 49

　　3.2.3　选择数据库 ··· 50

　3.3　创建表 ··· 51

　3.4　字段数据类型 ··· 52

　　3.4.1　字符串数据 ··· 52

　　3.4.2　数值数据 ··· 53

　　3.4.3　日期和时间数据 ······································· 53

　　3.4.4　大型对象 ··· 53

　3.5　指定键 ··· 53

　　3.5.1　指定候选键 ··· 53

　　3.5.2　指定主键 ··· 56

　　3.5.3　指定外键 ··· 57

　3.6　其他约束 ··· 58

　　3.6.1　指定默认值 ··· 58

　　3.6.2　禁止空值 ··· 59

　　3.6.3　设置 CHECK 约束 ····································· 59

　3.7　修改表 ··· 60

　　3.7.1　修改表名 ··· 61

　　3.7.2　添加字段 ··· 61

　　3.7.3　删除字段 ··· 62

　3.8　删除表 ··· 63

　3.9　动手练一练 ··· 65

第 4 章　视图管理 ·· 66

▶ 微课视频 13 分钟
4.1　视图概念 ·· 66
4.2　创建视图 ·· 67
　　4.2.1　案例准备：Oracle 自带示例——SCOTT 用户数据 ········· 67
　　4.2.2　提出问题 ·· 70
　　4.2.3　解决问题 ·· 70
4.3　修改视图 ·· 72
4.4　删除视图 ·· 73
4.5　动手练一练 ··· 73

第 5 章　索引管理 ·· 75

▶ 微课视频 15 分钟
5.1　创建索引 ·· 75
　　5.1.1　创建多字段组合索引 ·· 76
　　5.1.2　创建唯一索引 ·· 77
5.2　删除索引 ·· 79
5.3　使用索引的最佳实践 ·· 79
5.4　动手练一练 ··· 80

第 6 章　修改数据 ·· 81

▶ 微课视频 38 分钟
6.1　插入数据——INSERT 语句 ··· 81
6.2　更改数据——UPDATE 语句 ··· 83
6.3　删除数据——DELETE 语句 ··· 85
6.4　数据库事务 ··· 86
　　6.4.1　理解事务概念 ·· 86
　　6.4.2　事务的特性 ·· 87
　　6.4.3　事务的状态 ·· 87
　　6.4.4　事务控制 ·· 87
6.5　动手练一练 ··· 90

第 7 章　查询数据 ·· 91

▶ 微课视频 23 分钟
7.1　SELECT 语句 ··· 91
　　7.1.1　指定查询字段 ·· 92

7.1.2　指定字段顺序 ……………………………………………………………………… 92

7.1.3　选定所有字段 ……………………………………………………………………… 92

7.1.4　为字段指定别名 …………………………………………………………………… 93

7.1.5　使用表达式 …………………………………………………………………………… 93

7.1.6　使用算术运算符 …………………………………………………………………… 94

7.2　查询结果排序——ORDER BY 子句 …………………………………………………… 94

7.3　筛选查询结果——WHERE 子句 ………………………………………………………… 95

7.3.1　比较运算符 …………………………………………………………………………… 96

7.3.2　逻辑运算符 …………………………………………………………………………… 97

7.3.3　IN 运算符 ……………………………………………………………………………… 98

7.3.4　BETWEEN 运算符 …………………………………………………………………… 98

7.3.5　LIKE 运算符 ………………………………………………………………………… 99

7.3.6　运算符优先级 ……………………………………………………………………… 100

7.4　动手练一练 …………………………………………………………………………………… 101

第 8 章　汇总查询结果 ……………………………………………………………………………… 102

▶ 微课视频 28 分钟

8.1　聚合函数 ……………………………………………………………………………………… 102

8.1.1　COUNT 函数 ………………………………………………………………………… 102

8.1.2　SUM 函数 …………………………………………………………………………… 103

8.1.3　AVG 函数 …………………………………………………………………………… 104

8.1.4　MIN 函数和 MAX 函数 …………………………………………………………… 104

8.2　分类汇总 ……………………………………………………………………………………… 105

8.2.1　分组查询——GROUP BY 子句 ………………………………………………… 105

8.2.2　使用 HAVING 子句筛选查询结果 ……………………………………………… 107

8.2.3　使用 DISTINCT 运算符去除重复数据 ………………………………………… 108

8.3　动手练一练 …………………………………………………………………………………… 109

第 9 章　子查询 ……………………………………………………………………………………… 111

▶ 微课视频 33 分钟

9.1　子查询的概念 ………………………………………………………………………………… 111

9.1.1　从一个案例引出的思考 …………………………………………………………… 111

9.1.2　使用子查询解决问题 ……………………………………………………………… 112

9.2　单行子查询 …………………………………………………………………………………… 112

9.2.1　示例：查找所有工资超过平均工资水平的员工信息 …………………… 112

9.2.2　示例：查找工资最高的员工信息 ……………………………………………… 113

9.2.3　示例：查找与 SMITH 职位相同的员工信息 ······················ 113

9.2.4　示例：查找谁的工资超过了工资最高的销售人员 ·············· 114

9.2.5　示例：查找职位与 CLARK 相同，且工资超过 CLARK 的

员工信息 ··· 114

9.2.6　示例：查找资格最老的员工信息 ····································· 115

9.2.7　示例：查找 EMP 表中第 2 高的工资 ······························ 115

9.3　多行子查询 ··· 116

9.3.1　示例：查找销售部的所有员工信息 ·································· 116

9.3.2　示例：查找与 SMITH 或 CLARK 职位不同的所有员工信息 ··· 117

9.4　嵌套子查询 ··· 117

9.4.1　示例：查找工资超过平均工资的员工所在的部门 ··············· 118

9.4.2　示例：查找 EMP 表中工资第 3 高的员工信息 ···················· 118

9.5　在 DML 中使用子查询 ·· 119

9.5.1　在 DELETE 语句中使用子查询 ·· 119

9.5.2　示例：删除部门所在地为纽约的所有员工信息 ················· 119

9.6　动手练一练 ··· 120

第 10 章　表连接 ·· 121

▶微课视频 30 分钟

10.1　表连接的概念 ··· 121

10.1.1　使用表连接重构"查找销售部的所有员工信息"案例 ······· 121

10.1.2　准备数据 ··· 122

10.2　内连接 ··· 124

10.2.1　内连接语法格式 1 ·· 125

10.2.2　内连接语法格式 2 ·· 125

10.2.3　查找部门在纽约的所有员工姓名 ··································· 125

10.3　左连接 ··· 126

10.3.1　左连接语法格式 ·· 127

10.3.2　示例：EMP 表与 DEPT 表的左连接查询 ························· 127

10.4　右连接 ··· 127

10.4.1　右连接语法格式 ·· 128

10.4.2　示例：EMP 表与 DEPT 表的右连接查询 ························· 128

10.5　全连接 ··· 129

10.6　交叉连接 ·· 130

10.6.1　交叉连接语法格式 1 ··· 130

10.6.2　交叉连接语法格式 2 ··· 131

10.7　动手练一练 ·· 132

第 11 章　MySQL 中特有的 SQL 语句 ··································· 133

▶️ 微课视频 26 分钟

11.1　自增长字段 ··· 133

11.2　MySQL 日期相关数据类型 ··· 135

11.3　限制返回行数 ··· 136

11.4　常用函数 ··· 138

　　11.4.1　数字型函数 ·· 138

　　11.4.2　字符串函数 ·· 139

　　11.4.3　日期和时间函数 ·· 141

11.5　动手练一练 ··· 142

第 12 章　MySQL 数据库开发 ·· 144

▶️ 微课视频 30 分钟

12.1　存储过程 ··· 145

　　12.1.1　使用存储过程重构"查找销售部的所有员工信息"案例 ··········· 145

　　12.1.2　调用存储过程 ·· 147

　　12.1.3　删除存储过程 ·· 147

12.2　存储过程参数 ··· 149

　　12.2.1　IN 参数 ·· 149

　　12.2.2　OUT 参数 ·· 150

　　12.2.3　INOUT 参数 ·· 152

12.3　存储函数 ··· 153

　　12.3.1　创建存储函数 ·· 153

　　12.3.2　调用存储函数 ·· 156

12.4　动手练一练 ··· 157

附录 A　动手练一练参考答案 ··· 158

第 1 章

编写第一个 SQL 程序

Hello World 程序一般是学习编程的第一个程序,本章通过介绍使用 SQL(Structured Query Language,结构化查询语言)编写 Hello World 程序,帮助读者了解 SQL 标准和 SQL 语法,以及关系数据库管理系统。

1.1 SQLite 数据库

微课视频

由于 SQL 的执行依赖具体的数据库,本书重点介绍 MySQL 数据库。对于初学者而言,安装 MySQL 数据库并不是一件容易的事情,因此本章先介绍一个不需要复杂安装步骤的数据库——SQLite。

💡提示　SQLite 数据库的设计目标是在嵌入设备中存储数据。SQLite 采用 C 语言编写,是开源的,具有可移植性强、可靠性高、小而易用等特点。

1.1.1　安装 SQLite 数据库

SQLite 数据库在不同的操作系统中安装方法也各不相同,下面分别介绍。

（1）macOS 系统：已经安装 SQLite,不需要额外安装。

（2）Linux 系统：需要安装。Ubuntu 系统可以通过以下命令安装 SQLite。

```
sudo apt install sqlite3
```

（3）Windows 系统：需要安装。安装文件可以到 SQLite 官网（www.sqlite.org）下载,下载页面如图 1-1 所示,下载 sqlite-tools-win32-x86-xxx.zip 文件。

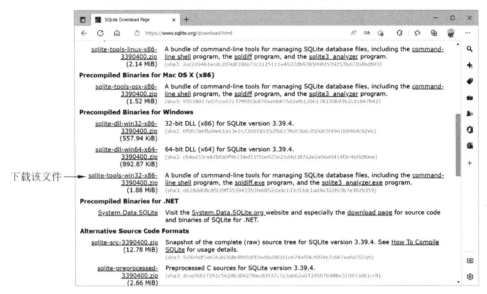

图 1-1　SQLite 官网安装文件下载页面

sqlite-tools-win32-x86-3390400.zip 文件中包括 SQLite3 数据库和访问数据库的命令行工具。读者也可以从本书配套工具中找到该.zip 文件。

将安装文件解压,如图 1-2 所示,其中的 sqlite3.exe 文件就是命令行工具。

图 1-2　安装文件解压目录

为了在任何目录下都能使用sqlite3.exe命令行工具,可以将解压目录配置到Path环境变量中,具体配置过程如下。

1. 打开环境变量设置对话框

首先需要打开Windows系统环境变量设置对话框。打开该对话框有很多方式,如果是Windows 10系统,步骤是在计算机桌面右击"此电脑"图标,在弹出的快捷菜单中选择"属性"命令,将弹出如图1-3所示的Windows系统设置页面。

图 1-3　Windows 系统设置页面

单击"高级系统设置"选项,将弹出如图1-4所示的"系统属性"对话框。

图 1-4　"系统属性"对话框

2．设置 Path 变量

在如图 1-4 所示的"高级"选项卡中单击"环境变量"按钮，将弹出如图 1-5 所示的"环境变量"对话框。双击 Path 变量，将弹出"编辑环境变量"对话框。按照如图 1-6 所示的步骤将 SQLite 解压路径添加到 Path 变量中。

图 1-5　"环境变量"对话框

1.1.2　通过命令行访问 SQLite 数据库

如果配置了 SQLite 命令行工具，就可以用其访问 SQLite 数据库。

首先打开命令提示符窗口（macOS 系统和 Linux 系统中为终端窗口），然后输入：

```
sqlite3
```

其中，sqlite3 表示启动 SQLite 数据库命令行工具。启动成功的界面如图 1-7 所示，其中"sqlite＞"提示可以在此输入 SQL 语句了。

图 1-6　设置 Path 变量

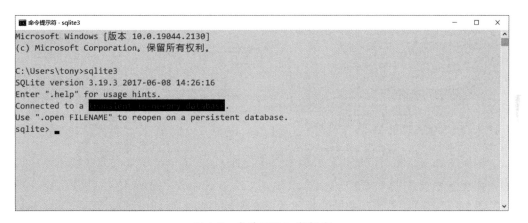

图 1-7　启动 SQLite 数据库

1.2　编写 Hello World 程序代码

启动 SQLite 数据库命令行工具，输入如下 SQL 代码。

select 'Hello World.';

其中，select 是关键字，表示查询数据，可以用于计算表达式；

'Hello World.' 是字符串，一般用单引号包裹起来；

微课视频

分号表示一条 SQL 语句结束，通常可以省略。

按 Enter 键执行代码，执行结果马上输出，如图 1-8 所示。

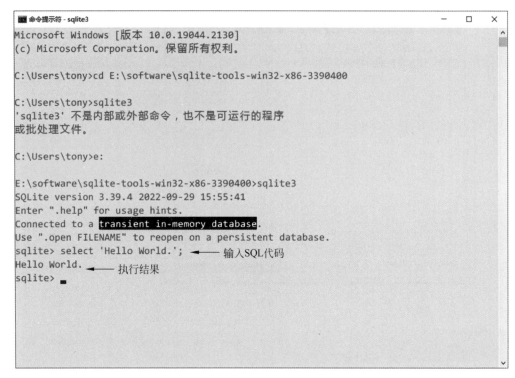

图 1-8　执行结果

1.3　关系数据库管理系统

数据库管理系统是对数据进行管理的大型软件系统，采用关系模型的数据库系统即关系数据库管理系统（Relational Database Management System，RDBMS）。由于数据库管理系统缺乏统一的标准，不同厂商的数据库系统有比较大的差别，但一般而言，数据库管理系统均包含 5 个主要功能：数据库定义功能、数据库存储功能、数据库管理功能、数据库维护功能和数据通信功能。

目前主流的数据库有 MySQL、Oracle、Microsoft SQL Server、DB 2、PostgreSQL、Microsoft Access、SQLite 和 Sysbase 等，本书重点介绍 MySQL 和 Oracle，简单介绍 SQLite 数据库。

1.3.1　Oracle

Oracle 是于 1983 年推出的世界上第 1 个开放式商品化关系数据库管理系统。它采用标准的 SQL，支持多种数据类型，提供面向对象存储的数据支持，支持 UNIX、Windows、

OS/2、Novell 等多种操作系统。

1.3.2　SQL Server

2000 年 12 月,微软发布了 SQL Server 2000,该数据库可以运行于 Windows NT/
Windows 2000/Windows XP 等多种 Windows 操作系统版本,是支持客户端/服务器端结构
的数据库管理系统,可以帮助各种规模的企业管理数据。

1.3.3　DB 2

DB 2 是 IBM 公司开发的一套关系数据库管理系统,主要运行环境为 UNIX(包括 IBM
自家的 AIX)、Linux、OS/400、z/OS 及 Windows 服务器。

DB 2 主要应用于大型应用系统,但具有较好的可伸缩性,也支持单用户环境,应用于常
见的服务器操作系统平台。

1.3.4　MySQL

MySQL 是一个关系数据库管理系统,由瑞典 MySQL AB 公司开发,目前属于 Oracle
旗下产品。MySQL 是比较流行的关系数据库管理系统之一。在 Web 应用方面,MySQL
是比较好的关系数据库管理系统软件之一。

1.4　SQL 概述

微课视频

关系数据库开发和管理人员通过 SQL 与关系数据库进行交流,实现对数据库数据处理
和定义。

> 💡提示　完整的 SQL 标准有 600 多页,没有哪个数据库系统完全遵循该标准。本书涵
> 盖了主流关系数据库所支持的 SQL 的具体内容。

SQL 主要分为 5 类:数据定义语言(Data Definition Language,DDL)、数据操作语言
(Data Manipulation Language,DML)、数据控制语言(Data Control Language,DCL)、事务
控制语言(Transaction Control Language,TCL)和数据查询语言(Data Query Language,DQL)。

SQL 分类如图 1-9 所示。

1. 数据定义语言

数据定义语言用于创建或改变数据库结构,还可以将资源分配给数据库。数据定义语
言的主要语句及作用如下。

(1) CREATE:创建数据库、视图和表等。

(2) DROP:删除数据库、视图和表等。

(3) ALTER:修改数据库、视图和表等。

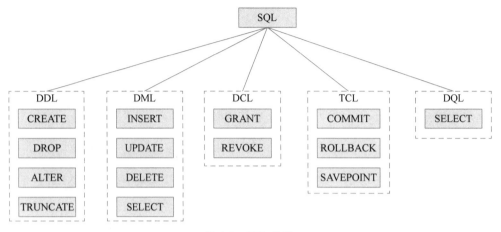

图 1-9 SQL 分类

（4）TRUNCATE：删除表中所有数据。

2．数据操作语言

数据操作语言用于插入、修改和删除数据。数据操作语言的主要语句及作用如下。

（1）INSERT：向表中插入数据。

（2）UPDATE：更新表中的现有数据。

（3）DELETE：从数据库表中删除数据。

（4）SELECT：从数据库表中选择数据。

3．数据控制语言

数据控制语言实现对数据库管理和控制，如向用户授权、角色控制等。数据控制语言的主要语句及作用如下。

（1）GRANT：授权。

（2）REVOKE：取消授权。

4．事务控制语言

事务控制语言用于数据库事务控制。事务控制语言的主要语句及作用如下。

（1）COMMIT：提交事务。

（2）ROLLBACK：回滚事务。

（3）SAVEPOINT：设置事务保存点。

5．数据查询语言

数据查询语言用于从数据库中获取数据，它只使用一个 SELECT 语句，实现从数据库中获取数据并对其进行排序。

1.4.1 SQL 标准

尽管 SQL 拥有一些引人注目的特性，且易于使用，其最大的优点还在于数据库厂家之间的广泛适用性。SQL 是与关系数据库交流的标准语言，虽然一般语言在不同厂家之间的实现方式存在某些差异,但是通常情况下,无论选择何种数据库平台,SQL 都保持相同。国际标准化组织(International Standards Organization,ISO)在国际上评审并验证了 SQL 标准。当前的 SQL 标准是 SQL 5。遗憾的是,没有一种商用数据库完全地符合 SQL 5 标准。

1.4.2 SQL 句法

SQL 具有某些基本的表示其结构和句法的规则。在讨论怎样编写 SQL 命令之前,有必要先从总体上介绍 SQL 中的一般规则。

1. 字母大小写

总体上说,SQL 不区分字母大小写,下面 3 段语句功能都是相同的。

```
select *
from table
```

和

```
SELECT *
FROM TABLE
```

和

```
Select *
FROM table
```

2. 空白

SQL 的另一个特性是它忽略空白(包括空格符、制表符和换行符等)。以下 3 段语句都是一样的。

```
SELECT * FROM Table
```

和

```
    SELECT *
FROM Table
```

和

```
SELECT
 *
FROM
Table
```

以下语句是无效的。

```
SELECT * FROMTable
```

3. 语句结束符

SQL 语句结束符是用分号";"表示的。当只有一条 SQL 语句时,多数数据库支持省略分号;但如果有多条 SQL 语句,则不能省略分号。例如,插入多条数据的代码如下。

```
INSERT INTO student (s_id, s_name) VALUES (1, '刘备');
INSERT INTO student (s_id, s_name) VALUES (2, '关羽');
```

```
INSERT INTO student (s_id,s_name) VALUES (3, '张飞');
```

如果只插入一条数据，则可以省略分号，代码如下。

```
INSERT INTO student (s_id,s_name) VALUES (1, '刘备')
```

4. 引用字符串

在 SQL 中引用字符串时，需用单引号包裹。例如，如果希望将一个字段值与字符串常量做比较，则应当将字符串包裹在单引号中。以下示例代码实现了 name 字段值与 Rafe 字符串进行比较。

```
SELECT *
FROM People
WHERE name = 'Rafe'
```

以下代码实现 name 字段值与 Rafe 字段值进行比较，这是因为 Rafe 没有包裹在单引号中，则被认为是字段值，而不是字符串。

```
SELECT *
FROM People
WHERE name = Rafe
```

如果将字段值与数字进行比较，则不使用引号。例如，以下语句实现了 salary 字段值与数字 100000 的比较。

```
SELECT *
FROH People
WHERE salary = 100000
```

微课视频

1.5 动手练一练

选择题

（1）下列哪些语句属于数据定义语言语句？（   ）

    A. DROP   B. DELETE   C. COMMIT   D. GRANT

（2）下列哪些语句属于数据操作语言语句？（   ）

    A. DROP   B. DELETE   C. COMMIT   D. GRANT

（3）下列哪些语句属于数据控制语言语句？（   ）

    A. DROP   B. DELETE   C. COMMIT   D. GRANT

（4）下列哪些选项表示 SQL 语句中的字符串？（   ）

    A. "abc"   B. 'abc'   C. '''abc'''   D. abc

（5）下列哪些选择正确应用了 age 字段值？（   ）

    A. "age"   B. 'age'   C. '''age'''   D. age

第 2 章

MySQL 数据库

如果只是学习基本的 SQL 语言,学习 SQLite 数据库就足够了,但是考虑到目前企业中使用 MySQL 数据库比较普遍,因此本书重点介绍基于 MySQL 数据库的 SQL 语言。本章详细介绍 MySQL 数据库。

2.1 MySQL 概述

微课视频

MySQL 最早由瑞典 MySQL AB 公司开发,1995 年发布第 1 个版本,2000 年基于 GPL 协议开放源码。2008 年 MySQL AB 公司被 Sun 公司收购,2009 年 Sun 公司又被 Oracle 公司收购。所以,目前 MySQL 由 Oracle 公司负责技术支持。

MySQL 是一个真正的多用户、多线程 SQL 数据库服务器。MySQL 是一个客户端/服务器结构的实现,它由一个服务器守护程序 MySQL d 和很多不同的客户程序及库组成。同时,MySQL 也足够快和灵活,允许存储文件和图像等数据。MySQL 的主要设计目标是快速、健壮和易用。

2.1.1 MySQL 的主要特点

MySQL 主要有以下特点。

（1）使用多线程方式，这意味着它能充分利用 CPU。

（2）可运行在不同的平台，如 Windows、Linux、macOS 和 UNIX 等多种操作系统上。

（3）支持多种类型数据，如 1、2、3、4 和 8 字节长度的有符号/无符号整数，以及 FLOAT、DOUBLE、CHAR、VARCHAR、TEXT、BLOB、DATE、TIME、DATETIME、TIMESTAMP、YEAR、SET 和 ENUM 类型数据。

（4）全面支持 SQL-92 标准，如 GROUP BY、ORDER BY 子句；支持聚合函数（COUNT、AVG、STD、SUM、MAX 和 MIN）；支持表连接的 LEFT OUTER JOIN 和 RIGHT OUTER JOIN 等语法。

（5）具有大数据处理能力，使用 MySQL 可以创建超过 5000 万条记录的数据库。

（6）支持多种不同的字符集。

（7）函数名不会与表或列（字段）名冲突。

2.1.2 MySQL 的主要版本

Oracle 公司收购 Sun 公司后，为 MySQL 提供了强大的技术支持，MySQL 发展出多种版本，主要版本如下。

（1）社区版（MySQL Community Server）：开源免费，官方提供技术支持。

（2）企业版（MySQL Enterprise Edition）：需付费，可以试用 30 天。

（3）集群版（MySQL Cluster）：开源免费，可将几个 MySQL 服务器封装成一个服务器。

（4）高级集群版（MySQL Cluster CGE）：需付费。

2.2 MySQL 数据库安装和配置

不同操作系统所需的 MySQL 数据库安装文件也有所不同。下面分别介绍 MySQL 8.0 社区版在不同操作系统中的安装和配置过程。

2.2.1 在 Windows 平台安装 MySQL

由于在 Windows 平台安装 MySQL 数据库是最简单的，所以先介绍如何在 Windows 平台上安装 MySQL 8.0 社区版。

1. 下载 MySQL 8.0 社区版

微课视频

MySQL 8.0 社区版安装文件下载地址是 https://dev.mysql.com/downloads/mysql/，如图 2-1 所示，可以根据情况选择不同的操作系统。选择好后单击"Go to Download Page >"按钮，进入如图 2-2 所示的详细下载页面。

单击打开下拉列表框，选择不同的操作系统

单击该按钮，进入详细下载页面

图 2-1　下载页面

选择历史版本

下载在线安装文件

下载离线安装文件

图 2-2　详细下载页面

在详细下载页面中可以切换到 Archives(归档)选项卡下载历史版本。在详细下载页面有两种安装文件可供下载：离线安装文件和在线安装文件。读者可以根据自己的喜好选择安装文件,本书选择离线安装文件。单击 Download 按钮,将进入登录提示页面,如图 2-3 所示。如果有 Oracle 用户账号,可以单击 Login 按钮登录；如果没有,则可以单击 Sign Up 按钮注册 Oracle 用户账号,然后登录并下载。

图 2-3 登录提示页面

2. 安装 MySQL 8.0 社区版

安装文件下载成功后,双击就可以安装了。安装过程中的第 1 个步骤是 Choosing a Setup Type(安装选择类型),如图 2-4 所示,推荐选择 Custom(自定义)类型,因为该类型比较灵活。

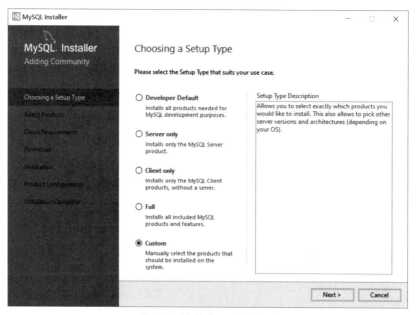

图 2-4 安装类型选择步骤

选择好安装类型后,单击 Next 按钮进入 Select Products(安装组件选择)步骤,如图 2-5 所示。因为要安装 MySQL Server 8.0,所以此处选择 SQL Server 8.0.28-X64,然后单击➡按钮,将选择的组件添加到右侧待安装组件列表中,如图 2-6 所示。

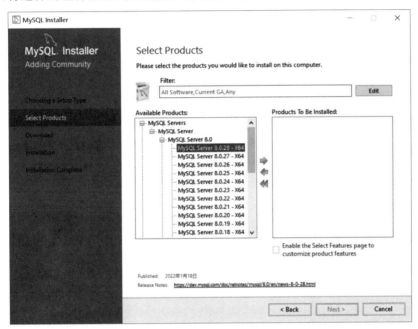

图 2-5　选择 MySQL Server 8.0.28-X64

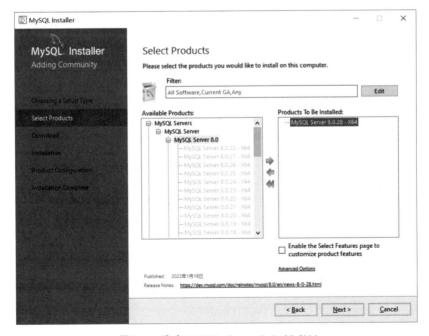

图 2-6　选中 MySQL Server 8.0.28-X64

　　选择好组件后，单击 Next 按钮进入如图 2-7 所示的 Download(下载)步骤，在该步骤中会下载要安装的组件。下载完成后，Execute 按钮会处于可用状态，单击 Execute 按钮即可安装，进入如图 2-8 所示的 Installation(安装)步骤。

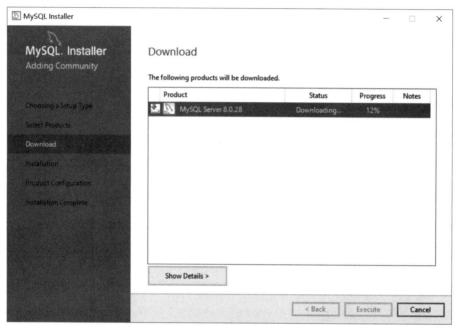

图 2-7　下载步骤

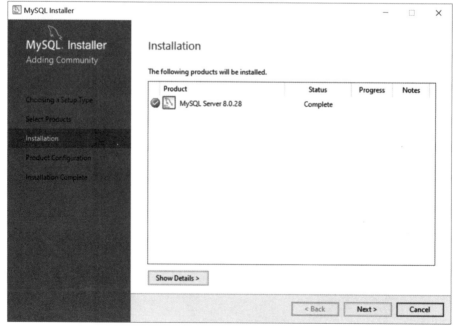

图 2-8　安装步骤

单击 Next 按钮,进入如图 2-9 所示的 Product Configuration(组件配置)步骤。单击 Next 按钮,进入如图 2-10 所示的 Type and Networking(类型和网络配置)步骤,在该步骤中可以选择配置 MySQL 服务器类型、设置服务端口、开启防火墙许可等。

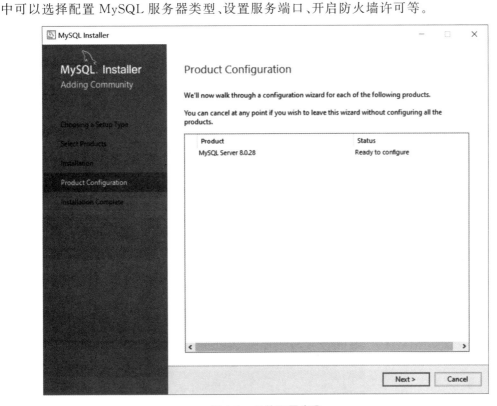

图 2-9　组件配置步骤

此处有 3 种服务器类型可以选择,如图 2-11 所示,具体说明如下。

(1) Development Computer(开发机器):该选项代表典型的个人用桌面工作站。该选项会将 MySQL 服务器配置成使用最少的系统资源。

(2) Server Computer(服务器):该选项代表服务器,选择该选项,MySQL 服务器可以同其他应用程序一起运行,如 FTP、E-mail 和 Web 服务器。该选项会将 MySQL 服务器配置成使用适当比例的系统资源。

(3) Dedicated Computer(专用 MySQL 服务器):该选项代表只运行 MySQL 服务的服务器,并假定没有运行其他应用程序。该选项会将 MySQL 服务器配置成使用所有可用系统资源。

配置完成后,单击 Next 按钮进入 Authentication Method(身份验证方法)设置步骤,如图 2-12 所示,MySQL 推荐使用强密码加密进行身份验证。选择完成后,单击 Next 按钮,进入如图 2-13 所示的 Accounts and Roles(账号和角色)设置步骤,在该步骤中可以设置超级用户 root 的密码,当然也可以添加其他用户。

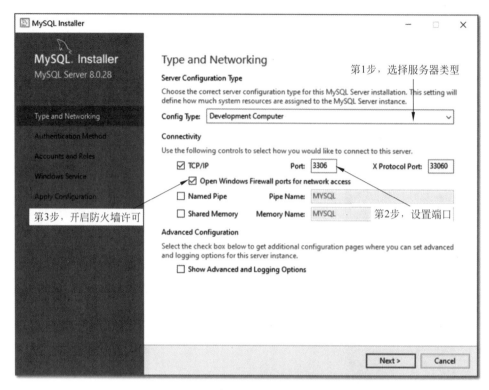

图 2-10　类型和网络配置步骤

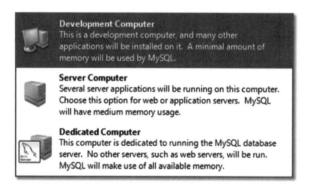

图 2-11　选择服务器类型

　　单击 Add User 按钮，将弹出如图 2-14 所示的 MySQL User Account（创建新用户）对话框。在创建新用户时，注意第 2 步是设置哪些客户端的主机可以访问该数据库服务器，其中 All Hosts（％）表示所有主机都可以访问。

　　账号和角色设置完成后，单击 Next 按钮，进入如图 2-15 所示的 Windows Service Name（Windows 服务名）设置步骤。注意，Windows 服务名不能与其他服务名冲突，这非常重要。安装成功后，MySQL 80 服务会出现在 Windows 服务列表中，如图 2-16 所示。

使用强密码加密进行身份验证

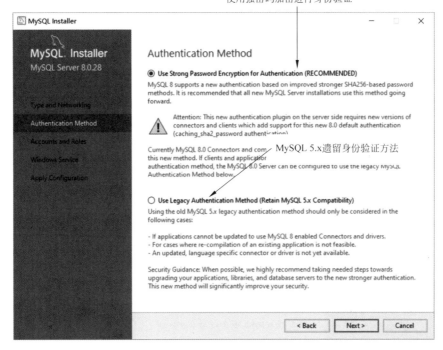

图 2-12　身份验证方法设置

第1步，设置root用户密码

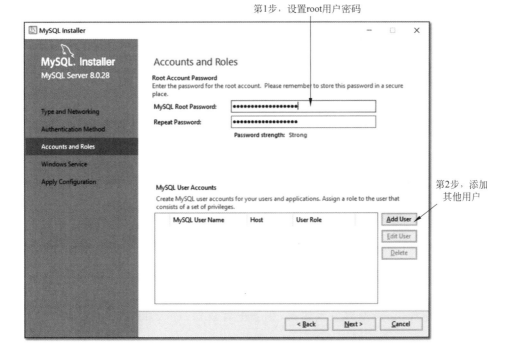

图 2-13　设置账号和角色

第1步，设置用户名

第2步，设置可以
访问客户端的主机

第3步，设置用户角色

图 2-14　创建新用户对话框

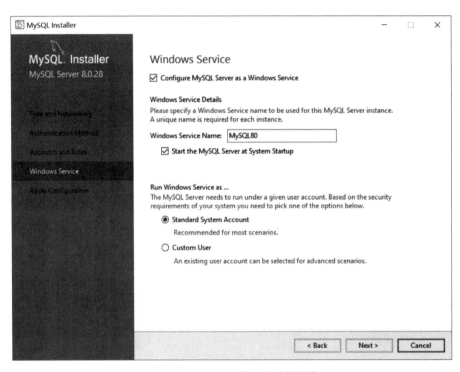

图 2-15　Windows 服务名设置步骤

在保证 Windows 服务名不冲突的情况下，在 Windows 服务名设置步骤（见图 2-15）中单击 Next 按钮，进入如图 2-17 所示的 Apply Configuration（应用配置）步骤。单击 Execute 按钮开始执行配置，如果没有发生错误，则会配置成功，进入如图 2-18 所示的配置成功界面。

单击 Finish 按钮，进入如图 2-19 所示的产品配置界面。

图 2-16　Windows 服务列表

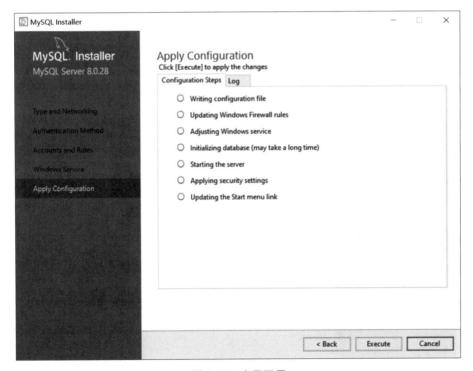

图 2-17　应用配置

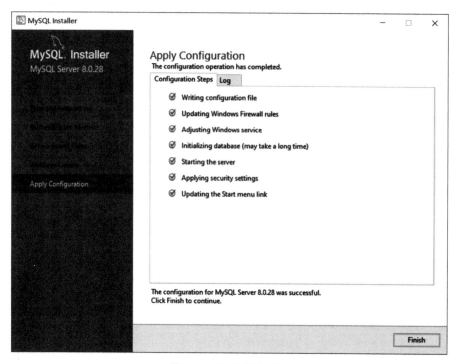

图 2-18　配置成功界面

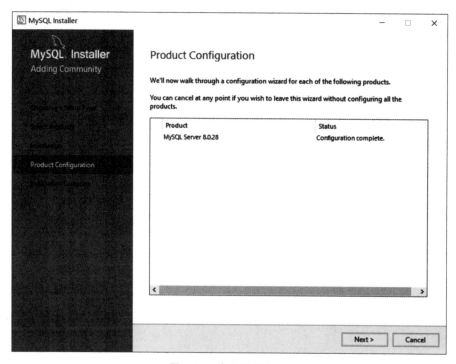

图 2-19　产品配置界面

　　单击 Next 按钮完成产品配置,进入如图 2-20 所示的完成界面。单击 Finish 按钮关闭对话框,至此 MySQL 服务器安装并配置完成。

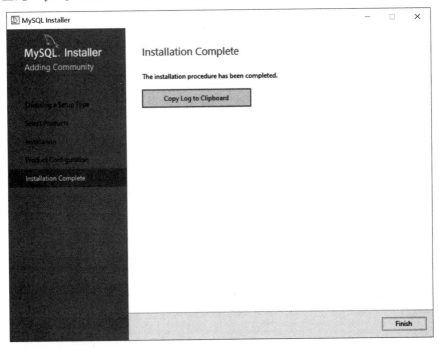

图 2-20　完成界面

　　安装完成后可以打开 Windows 服务,查看服务列表是否有刚刚安装的 MySQL 的服务,如图 2-16 所示,列表中的 MySQL80 就是刚刚安装的 MySQL 服务。

2.2.2　在 Linux 平台安装 MySQL

　　2.2.1 节介绍了如何在 Windows 平台安装 MySQL 数据库服务器,本节介绍如何在 Linux 平台安装 MySQL 数据库服务器。由于不同的 Linux 版本中安装 MySQL 服务器差别较大,考虑到 Ubuntu 版本用户较多,所以本书重点介绍如何在 Ubuntu 系统中安装 MySQL 数据库服务器。

　　首先在 Ubuntu 中打开终端窗口,如图 2-21 所示。

1. 更新软件仓库包索引

　　在 Ubuntu 终端执行如下命令,更新 Ubuntu 本地的软件仓库包索引,结果如图 2-22 所示。

```
$ sudo apt update
```

2. 安装 MySQL

　　本地软件仓库包索引更新完成后,可以通过如下命令安装 MySQL,执行过程如图 2-23 所示。

```
$ sudo apt - get install mysql - server
```

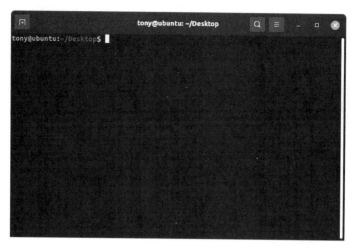

图 2-21　终端窗口

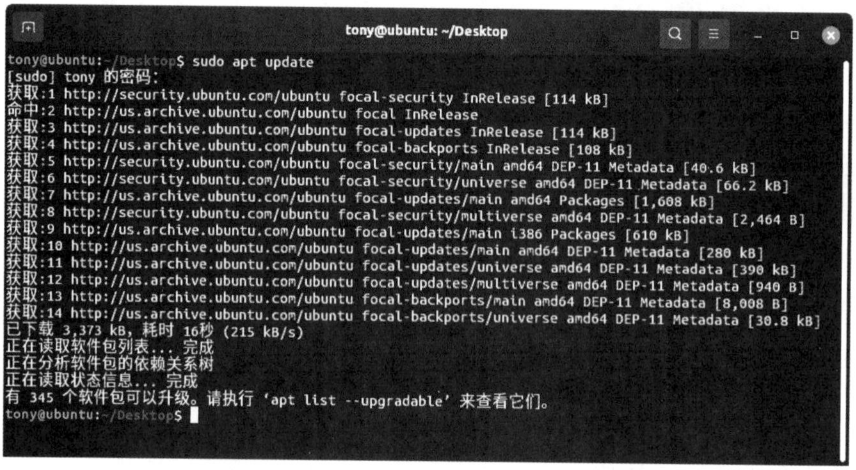

图 2-22　更新 Ubuntu 本地的软件仓库包索引

3. 防火墙设置

MySQL 安装完成后，还需要配置防火墙，将 MySQL 服务器添加到防火墙允许访问列表中。具体命令如下，执行过程如图 2-24 所示。

```
$ sudo ufw enable
$ sudo ufw allow mysql
```

4. 启动 MySQL 服务

设置完成后，使用如下命令启动 MySQL 服务。

```
$ sudo systemctl start mysql
```

为了保证每次系统启动后 MySQL 服务也随之启动，需要使用如下命令。执行过程如图 2-25 所示。

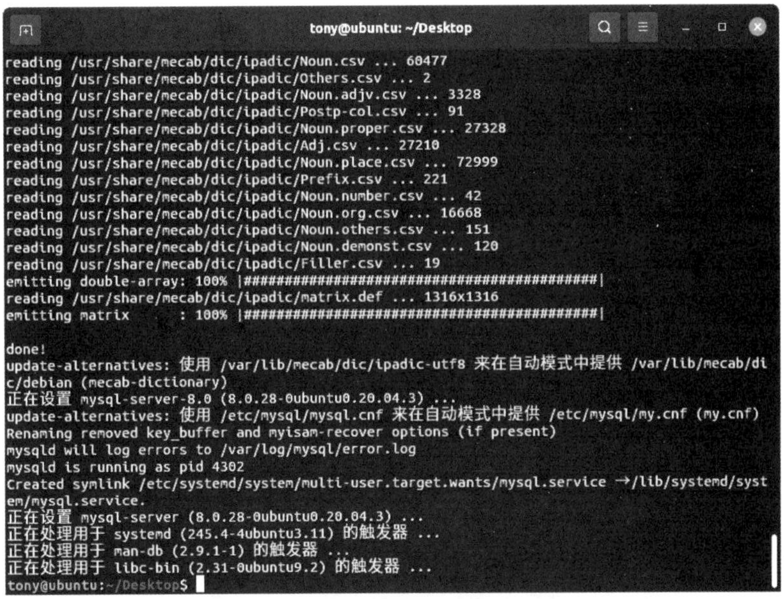

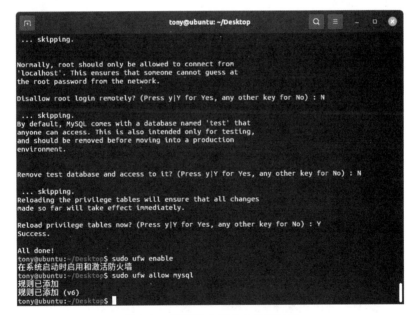

图 2-23　执行过程

图 2-24　配置防火墙命令执行过程

```
$ sudo systemctl enable mysql
```

5. 配置远程登录

出于开发或管理 MySQL 的目的，开发人员经常需要从 MySQL 服务器之外的客户端以 root 身份远程登录 MySQL 服务器，实现过程如下。

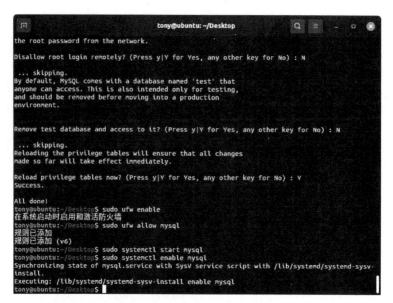

图 2-25 启动 MySQL 服务并设置该服务随系统启动

（1）登录 MySQL 服务器。

在终端中通过如下命令登录 MySQL 服务器，执行过程如图 2-26 所示。登录成功后可见 MySQL 命令提示符"mysql＞"。

```
$ sudo mysql
```

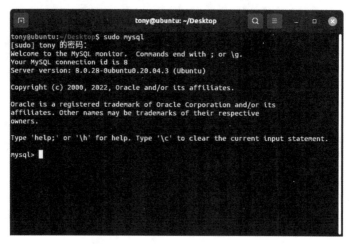

图 2-26 登录 MySQL 服务器

（2）修改 root 用户密码。

在 MySQL 中使用 ALTER USER 命令修改 root 用户密码，具体命令如下。

```
ALTER USER 'root'@'localhost' IDENTIFIED WITH mysql_native_password BY '5DAZ8maHw^
P*45@n';
```

其中,5DAZ8maHw^P＊45＠n 是密码,密码应该用英文半角单引号包裹起来。另外,
MySQL 默认密码安全级别是中等(MEDIUM),要求密码长度大于 8 位,由数字、混合大小
写字母和特殊字符构成。

（3）更新用户授权表。

在 MySQL 中将用户授权信息保存在 user 表中,为了远程登录,需要通过如下 SQL 命
令修改。

```
use mysql;                                              ①
update user set host = '%' where user = 'root';         ②
```

代码第①行进入 mysql 库,MySQL 数据库中有"库"(DataBase)的概念对象,库中包括
若干表,因此为了访问表,首先要进入库(use 命令即为进入库)。代码第②行通过 update 命
令更新 user 表,更新 host 字段为'%',表示可以从任意主机登录;如果是本机登录,则更新
字段为'localhost'。

（4）解除本机绑定。

默认情况下,MySQL 配置为本机绑定,即只能在本机访问 MySQL 服务器,为了能在远
程客户端访问服务器,需要修改 MySQL 服务器配置文件 mysqld.cnf。使用文本编辑工具
打开 mysqld.cnf 文件,在终端中执行如下命令。

```
sudo vi /etc/mysql/mysql.conf.d/mysqld.cnf
```

其中,vi 是 Linux 下的文本编辑工具。打开 mysqld.cnf 文件后,找到 bind-address＝127.0.0.1
行,使用♯符号注释掉这一行代码,如图 2-27 所示,修改完成后保存并退出。

（5）测试安装。

退出后重启服务器主机,然后测试是否安装成功。在 MySQL 服务器命令提示符中输
入如下命令。

```
$ mysql - h 192.168.57.129 - u root - p
```

其中,-h 参数是指定主机地址;192.168.57.129 是服务器的 IP 地址;-u 参数是指定用户;
-p 参数是设置密码,按 Enter 键后再输入密码。

（6）增加用户。

由于 root 用户是超级管理员,允许所有人都使用 root 用户身份登录会有安全隐患,因
此有时需要创建普通用户,并根据需要为其设置权限。

增加用户包括两个层面的问题:一个是创建用户并设置密码,另一个是为用户分配
权限。

下面通过一个示例介绍如何创建一个普通用户,用户名为 tony。

① 创建用户。

在 MySQL 中使用 CREATE USER 命令创建用户,以下 SQL 命令是创建 tony 用户。

```
CREATE USER 'tony'@'%' IDENTIFIED BY '12345';
```

其中,12345 是密码,'%'表示该用户可以从任意主机登录。

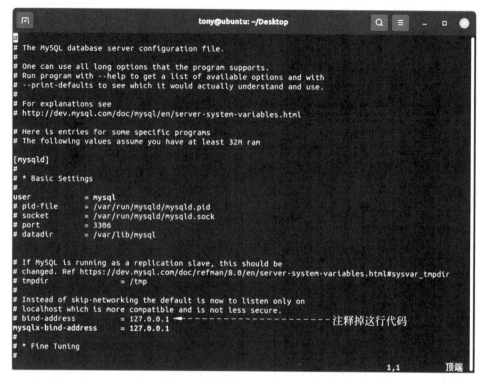

图 2-27 编辑 mysqld. cnf 文件

② 用户授权。

用户创建好之后，还需要为其授权，GRANT 命令可为用户分配权限。具体命令如下，将所有权限分配给 tony 用户。

```
GRANT ALL PRIVILEGES ON * . * TO 'tony'@'%';
FLUSH PRIVILEGES;
```

授权完成后，还要使用 FLUSH PRIVILEGES 命令更新权限表。

2.2.3 在 macOS 平台安装 MySQL

2.2.1节和2.2.2节分别介绍了在 Windows 平台和 Linux 平台安装 MySQL 数据库服务器。考虑到 macOS 平台用户也比较多，所以本节介绍如何在 macOS 平台安装 MySQL 服务器。

1. 下载 MySQL 8.0 社区版

首先参考 2.2.1 节内容下载基于 macOS 系统的 MySQL 安装文件，如图 2-28 所示。注意，要根据 CPU 选择不同的 macOS 版本，现在很多 Mac 计算机中使用的都是 ARM CPU，本书下载的是 mysql-8.0.28-macos11-x86_64.dmg 文件，如图 2-29 所示（图中未显示扩展名）。.dmg 文件是 macOS 系统的一种压缩文件。

图 2-28　下载基于 macOS 系统的 MySQL 安装文件

图 2-29　mysql-8.0.28-macos11-x86_64.dmg 文件

2. 安装 MySQL

双击.dmg 文件，如图 2-30 所示，可以看到一个.pkg 文件，这个.pkg 文件才是真正的安装文件包。

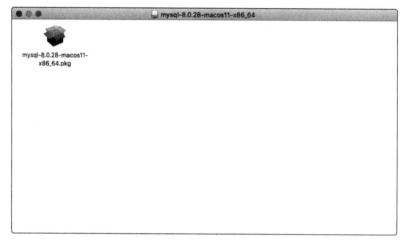

图 2-30 .pkg 文件

双击.pkg 文件开始安装。安装过程比较简单，注意如下几个步骤。

（1）设置密码模式。

在安装最后阶段需要设置密码模式，如图 2-31 所示，有两种模式可以选择，其中遗留密码模式针对 MySQL 5 版本，MySQL 8 版本推荐使用强密码模式。

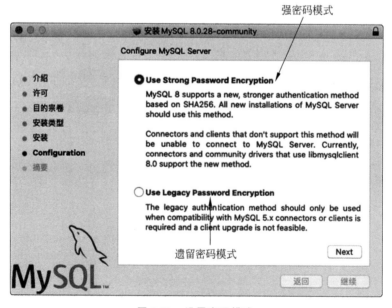

图 2-31 设置密码模式

（2）设置 root 密码。

设置密码模式后，单击 Next 按钮，进入如图 2-32 所示的设置 root 密码界面。这里设置的密码要包括数字、字母和特殊字符，且长度大于 8 位。输入密码后单击 Finish 按钮，MySQL 就安装好了。此时可以在"系统偏好设置"对话框中看到有关 MySQL 的设置，如图 2-33 所示。

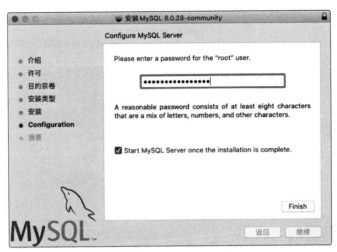

图 2-32　设置 root 密码界面

图 2-33　"系统偏好设置"对话框

（3）启动和停止 MySQL 服务器。

打开"系统偏好设置"对话框，如图 2-33 所示，然后单击 MySQL 图标，将弹出如图 2-34 所示的 MySQL 对话框，在这个对话框中可以停止或启动 MySQL 服务器、初始化 MySQL 服务器及卸载 MySQL 服务器。

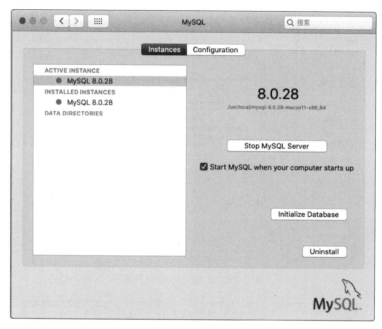

图 2-34　MySQL 对话框

3．设置系统环境变量

为了能够在终端中管理 MySQL 服务器，需要将 MySQL 的安装路径添加到环境变量 PATH 中。在终端中通过如下命令打开 macOS 配置文件。

open ～/.zshrc

在文件的最后添加如下内容。

PATH = $ PATH:/usr/local/mysql/bin

其中，:/usr/local/mysql/bin 是 MySQL 服务器的安装路径。添加完成后保存并退出。为了能使配置马上生效，需要执行如下命令。

source ～/.zshrc

4．登录 MySQL 服务器

在终端中执行如下命令登录 MySQL 服务器，如图 2-35 所示。登录成功后，可见 MySQL 命令提示符"mysql＞"。

mysql － uroot － p

```
Last login: Thu Mar  3 14:38:36 on ttys000
dongshengguan@bogon ~ % open ~/.zshrc
dongshengguan@bogon ~ % mysql
ERROR 1045 (28000): Access denied for user 'dongshengguan'@'localhost' (using
 password: NO)
dongshengguan@bogon ~ % mysql -uroot -p
Enter password:
Welcome to the MySQL monitor.  Commands end with ; or \g.
Your MySQL connection id is 17
Server version: 8.0.28 MySQL Community Server - GPL

Copyright (c) 2000, 2022, Oracle and/or its affiliates.

Oracle is a registered trademark of Oracle Corporation and/or its
affiliates. Other names may be trademarks of their respective
owners.

Type 'help;' or '\h' for help. Type '\c' to clear the current input statement
.

mysql>
```

图 2-35　登录 MySQL 服务器

5. 设置远程登录

为了设置远程登录，需要执行如下 SQL 命令，执行结果如图 2-36 所示。

```
use mysql;
update user set host = '%' where user = 'root';
```

```
Welcome to the MySQL monitor.  Commands end with ; or \g.
Your MySQL connection id is 17
Server version: 8.0.28 MySQL Community Server - GPL

Copyright (c) 2000, 2022, Oracle and/or its affiliates.

Oracle is a registered trademark of Oracle Corporation and/or its
affiliates. Other names may be trademarks of their respective
owners.

Type 'help;' or '\h' for help. Type '\c' to clear the current input statement
.

mysql> use mysql;
Reading table information for completion of table and column names
You can turn off this feature to get a quicker startup with -A

Database changed
mysql> update user set host ='%' where user = 'root';
Query OK, 0 rows affected (0.01 sec)
Rows matched: 1  Changed: 0  Warnings: 0

mysql>
```

图 2-36　设置远程登录

2.3　图形界面客户端工具

微课视频

很多人并不习惯使用命令提示符客户端工具管理和使用 MySQL 数据库，此时可以使用图形界面的客户端工具。图形界面客户端工具有很多，笔者推荐使用 MySQL Workbench 工具，它是 MySQL 官方提供的免费、功能较全的图形界面管理工具。

2.3.1 下载和安装 MySQL Workbench 工具

在安装 MySQL 的过程中，选择 MySQL Workbench 组件，即可安装和下载 MySQL Workbench 工具。此处使用 2.2.1 节介绍的 MySQL 社区版安装文件，双击安装文件，启动如图 2-37 所示的 MySQL Installer。

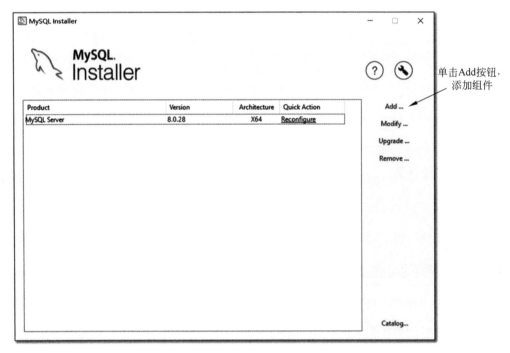

图 2-37　MySQL Installer

单击 Add 按钮添加组件，进入如图 2-38 所示的界面，在此选择要安装的 MySQL Workbench 组件，然后单击 ➡ 按钮，MySQL Workbench 组件将被添加到右侧列表中以备安装，如图 2-39 所示。

单击 Next 按钮，进入如图 2-40 所示的安装执行界面，单击 Execute 按钮开始安装。

在安装前还要下载 MySQL Workbench 工具，如图 2-41 所示，下载完成后单击 Next 按钮开始安装。单击 Finish 按钮完成安装，如图 2-42 所示。

2.3.2 配置连接数据库

MySQL Workbench 是 MySQL 数据库客户端管理工具，要想用其管理数据库，首先需要配置数据库连接。启动 MySQL Workbench 工具，进入如图 2-43 所示的欢迎页面。

在 MySQL Workbench 工具欢迎页面上单击 ⊕（添加）按钮，进入如图 2-44 所示的 Setup New Connection 对话框，在该对话框中可以设置连接名、主机名、端口、用户名和密码。设置密码时，需要单击 Store in Vault 按钮，打开如图 2-45 所示的 Store Password For

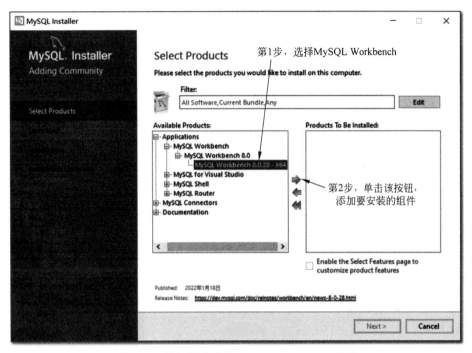

图 2-38　选择要安装的 MySQL Workbench 组件

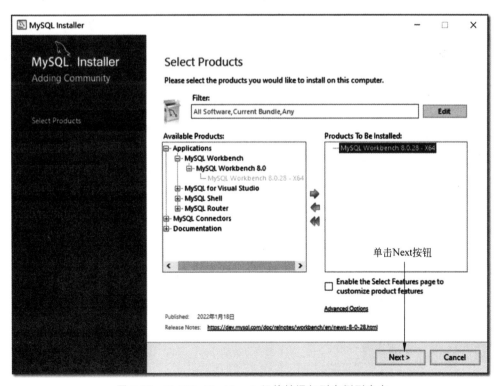

图 2-39　MySQL Workbench 组件被添加到右侧列表中

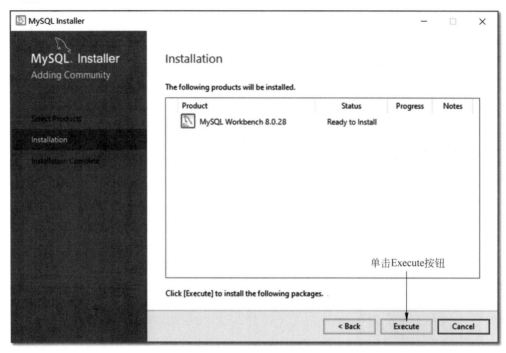

图 2-40　安装执行界面

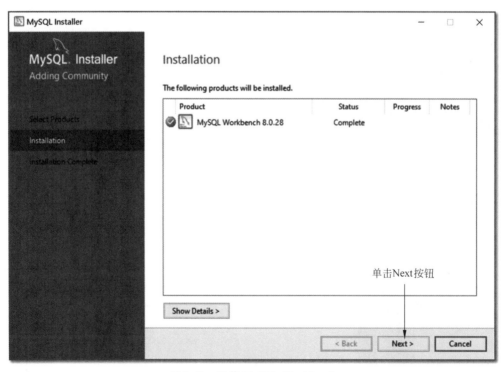

图 2-41　下载 MySQL Workbench

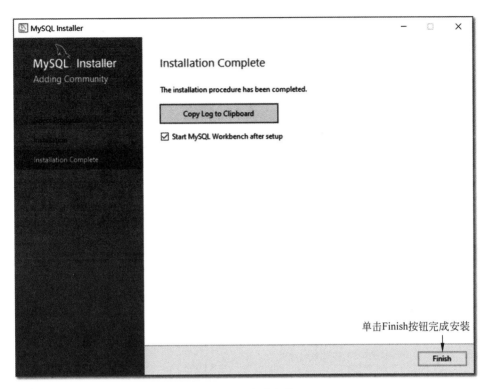

图 2-42 完成安装

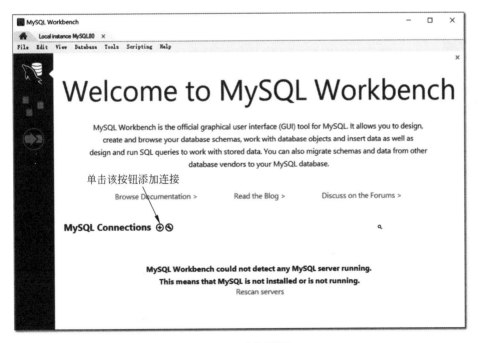

图 2-43 欢迎页面

设置连接名

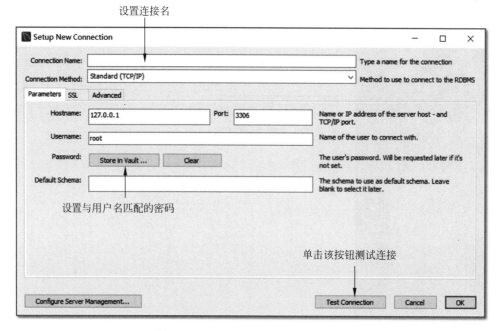

图 2-44　**Setup New Connection** 对话框

Connection 对话框。所有项目设置完成后，可以测试一下是否能连接成功，单击 Test Connection 按钮测试连接，如果成功，则将弹出如图 2-46 所示的对话框。连接成功后单击 OK 按钮，将回到欢迎页面，其中 myconnect 是刚刚配置好的连接，如图 2-47 所示。

图 2-45　**Store Password For Connection** 对话框

图 2-46　测试连接成功

2.3.3　管理数据库

双击连接名 myconnect 就可以登录 MySQL Workbench，如图 2-48 所示，其中 SCHEMAS(模式)是当前数据库列表，在 MySQL 中，SCHEMAS 就是数据库，其中粗体显示的数据库为当前默认数据库，如果想改变默认数据库，则右击要设置的数据库，在弹出的快捷菜单中选择 Set as Default Schema 命令，就可以将它设置成默认数据库了，如图 2-49 所示。

创建成功的连接名

图 2-47　回到欢迎界面

数据库列表

图 2-48　MySQL Workbench

图 2-49   设置默认数据库

在图 2-49 所示的快捷菜单中还有 Create Schema 命令，可用于创建数据库；Alter Schema 命令可用于修改数据库；Drop Schema 命令可用于删除数据库。

例如，要创建数据库，则需要选择 Create Schema，打开如图 2-50 所示的对话框，在 Name 文本框中可以设置数据库名(此处设置为 school)，另外还可以选择数据库的字符集，设置完成后单击 Apply 按钮应用设置。如需取消设置，可以单击 Revert 按钮。

图 2-50   创建数据库

单击 Apply 按钮后将弹出如图 2-51 所示的 Apply SQL Script to Database 对话框。确认无误后单击 Apply 按钮创建数据库，然后进入如图 2-52 所示的界面，单击 Finish 按钮完成数据库创建。

有关删除和修改数据库的内容这里不再赘述。

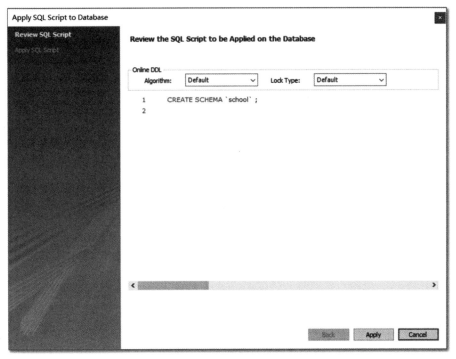

图 2-51 应用脚本对话框

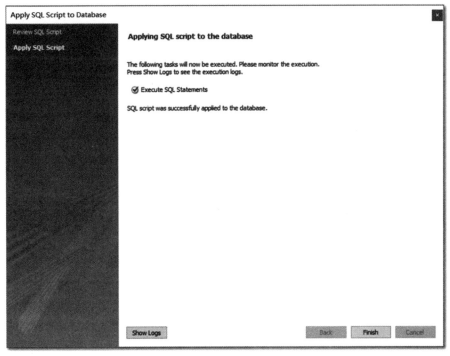

图 2-52 完成数据库创建

2.3.4　管理表

使用 MySQL Workbench 工具可以管理数据库，自然也可以管理表及浏览表中的数据。管理表时要选中数据库，因为表是在数据库中创建的。右击数据库，在弹出的快捷菜单中选择 Tables→Create Table 命令，将弹出如图 2-53 所示的对话框，在此对话框中可完成表的设置，如根据情况设置表名、选择数据库引擎、增加字段、设置字段类型、设置字段属性等。

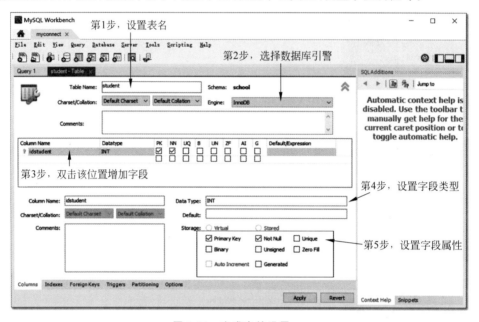

图 2-53　完成表的设置

设置完成后，单击 Apply 按钮应用设置，将弹出如图 2-54 所示的 Apply SQL Script to Database 对话框，确认无误后单击 Apply 按钮创建表，然后进入如图 2-52 所示的界面，单击 Finish 按钮完成创建。

2.3.5　执行 SQL 语句

如果不喜欢使用图形界面向导创建、管理数据库和表，还可以使用 SQL 语句直接操作数据库。要想在 MySQL Workbench 工具中执行 SQL 语句，则需要打开查询窗口。在 MySQL Workbench 主界面执行 File→New Query Tab 命令或单击 📄 命令按钮打开查询窗口，如图 2-55 所示。

开发人员可以在查询窗口中输入任意 SQL 语句，如图 2-56 所示。可以单击 📝 按钮执行 SQL 语句，注意单击该按钮时，如果有选中的 SQL 语句，则执行选中的 SQL 语句；如果没有选中任何 SQL 语句，则执行当前窗口中的全部 SQL 语句。📝 按钮的功能是执行 SQL 语句到光标所在的位置。

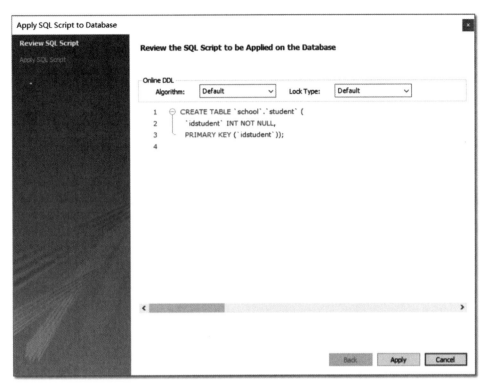

图 2-54　Apply SQL Script to Database 对话框

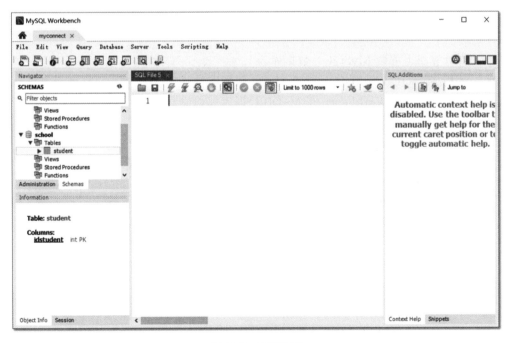

图 2-55　查询窗口

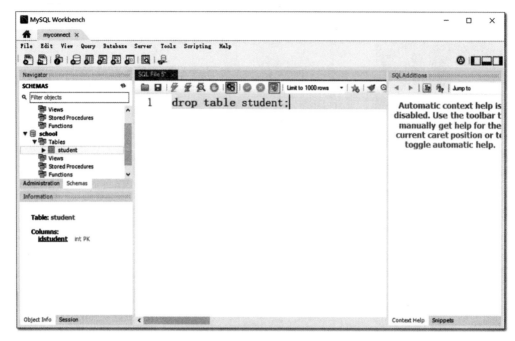

图 2-56　输入 SQL 语句

2.4　动手练一练

1. 操作题

（1）在计算机上安装 MySQL 8 数据库。

（2）使用 MySQL Workbench 创建 MyDB 数据库（Schema）。

（3）使用 MySQL Workbench 在 MyDB 数据库中创建 teacher 表。

2. 简答题

请说明在 MySQL 数据库安装过程中，3 种服务器类型之间的区别。

第 3 章

MySQL 表管理

本章首先介绍数据定义语言中的表管理。

3.1 关系模型的核心概念

微课视频

在学习创建表之前,首先要熟悉关系模型中的一些核心概念。

英国科学家埃德加·弗兰克·科德在 1976 年 6 月发表了《关于大型共享数据库数据的关系模型》论文,首先概述了关系数据模型及其原理,并把它用于数据库系统中。

关系模型的数据结构是二维表组成的集合,每个二维表又称为关系,因此可以说关系模型是关系组成的集合。假设要设计一个校园管理系统的数据库。校园管理系统中会有很多实体,如学生、课程和学生成绩等,这些实体构成的集合就是表,也称为关系。表 3-1 所示为校园管理系统中的一个学生表(关系);表 3-2 所示为校园管理系统中的课程表(关系);表 3-3 所示为校园管理系统中的学生成绩表(关系)。

表 3-1　学生表

学　　号	姓　　名	身份证号码
9904047	张烽	51 ****************
9904048	朱强	51 ****************
9904049	丁建辉	31 ****************
9904050	陈丹	11 ****************

表 3-2　课程表

编　　号	课　程　名	任课教师	学　　时	学　　分
A06017	数据结构	管老师	51	5
A06021	操作系统	李老师	64	6

表 3-3　学生成绩表

学　　号	课程编号	成　　绩
9904047	A06017	92
9904047	A06021	89
9904048	A06017	84
9904049	A06017	87
9904049	A06021	90
9904050	A06021	88

3.1.1　记录和字段

关系模型中的表是由若干行和列构成的,其中行称为元组,通常也称为记录;而列是记录中的数据项,通常也称为字段(Fields)。

3.1.2　键

关系模型的表结构中还有键(Key)的概念,也称为码。键又分为超键、候选键、主键和外键。

1. 超键

超键(Super Key,SK)也称为超码,能够唯一标识一行数据(记录)的字段或字段集。例如,表 1-1 所示的学生表中有 3 个字段,它们的组合有以下 6 种。

(1)(学号);

(2)(学号,姓名);

(3)(学号,身份证号码);

(4)(姓名);

(5)(姓名,身份证号码);

(6)(身份证号码)。

由于超键要求能够唯一标识一行数据,且姓名字段是可以重复的,所以以下 5 种字段组合可以作为超键。

（1）（学号）；

（2）（学号，姓名）；

（3）（学号，身份证号码）；

（4）（姓名，身份证号码）；

（5）（身份证号码）。

这5种组合中的任意一种都可以标识一行数据，因此它们中的任意一种都可以称为超键。

2．候选键

候选键（Candidate Key，CK）也称为候选码。候选键也属于超键，且是包含最少字段的超键，所以候选键是不含多余字段的超键，超键组合中去掉任意字段，就不再是超键了。所以，在学生表的5种超键中，有以下两种属于候选键。

（1）（学号）；

（2）（身份证号码）。

3．主键

主键（Primary Key，PK）也称为主码。主键是从一组候选键中选择出来的，选择哪组候选键作为主键是由数据库设计人员决定的。在学生表中，推荐选择学号作为主键。

💡**提示**　主键和候选键的区别在于：一个表中只能有一个主键，但可以有多个候选键；主键不能为空值（NULL），而候选键可以包含空值，如学生表的学号或身份证号码都可以作为候选键，但如果选择学号作为主键，就不能再选择身份证号码作为主键了。

◎**注意**　主键和候选键有时可以是由多个字段组合而成的，如表1-3所示的学生成绩表，它的主键（学号，课程编号）是由两个字段组合而成的。

4．外键

一个关系数据库可能包含多个表，可以通过外键（Foreign Key，FK）关联起来，外键也称为外码。例如，在校园管理系统中成绩表有以下两个外键。

（1）学号：详细信息存储在学生表中，它是学生表中的主键；

（2）课程编号：详细信息存储在课程表中，它是课程表中的主键。

3.1.3　约束条件

设计数据库表时，可以对表中的一个或多个字段的组合设置约束条件，检查该字段的输入值是否符合这个约束条件。约束分为表级约束和字段级约束，表级约束是对一个表中几个字段的约束，字段级约束则是对表中一个字段的约束。下面介绍几种常见的约束形式。

1. PRIMARY KEY 约束

PRIMARY KEY 即前面提到的主键,使用 PRIMARY KEY 约束可保证表中每条记录的唯一性。设计一个数据库表时,可以用一个或多个字段的组合作为这个表的主键。用单个字段作为主键时,使用了字段约束;用多个字段的组合作为主键时,则使用了表级约束。

主键的功能是保证某个字段或多个字段组合以后的值是唯一的。如果将多个字段的组合定义为主键,则包含在该组合中的个别字段的值允许重复,但是这些字段组合后的值必须是唯一的。在录入数据的过程中,必须在主键字段中输入数据,即主键字段不接受空值。

> **提示**　空值(NULL)意味着用户还没有显式地为该字段输入数据,NULL 既不等价于数值型数据中的 0,也不等价于字符型数据中的空字符串或空格。不能把 NULL 视作大于、小于或等于任何其他值。

2. FOREIGN KEY 约束

FOREIGN KEY 即外键。外键字段的值必须在所引用的表中存在,所引用的表称为父表。父表通过主键字段或具有唯一性的字段与子表(包含外键表)的外键字段关联。

外键约束的主要作用是将彼此相关的表关联起来,以保证关联表之间的引用完整性。如果在外键字段中输入了一个非空值,但该值在所引用的表中并不存在,则这条记录也会被拒绝输入,因为这样输入将破坏关联表之间的引用完整性。

3. UNIQUE 约束

如果希望表中的一个字段值不重复,则应当对该字段添加 UNIQUE 约束。与 PRIMARY KEY 约束不同的是,一个表中可以有多个 UNIQUE 约束,且应用 UNIQUE 约束的单个或多个字段允许接受 NULL,候选键可以设置为 UNIQUE 约束。

4. CHECK 约束

CHECK 约束用于检查一个或多个字段的输入值是否满足指定的检查条件。在同一个字段上可以应用多个 CHECK 约束。在表中插入或修改数据时,CHECK 约束便会发生作用,如果插入或修改数据以后,字段中的数据不再符合该约束指定的条件,则数据不能被写入字段。例如,学生成绩表中的成绩如果采用百分制,则其取值范围是大于或等于 0 且小于或等于 100,那么就可以在学生成绩表中为成绩字段添加该约束。

5. DEFAULT 约束

DEFAULT(默认值)约束用于指定一个字段的默认值,当尚未在该字段中输入数据时,该字段中将自动填入这个默认值。例如,学生表中的成绩字段如果设置默认值为 0,那么在插入数据时,若不为成绩字段输入任何数据,则数据库系统会为该字段提供 0 值。

微课视频

3.2　管理数据库

模式(Schema)是数据库中所有对象的集合,包括表、字段、视图、索引和存储过程等。

◎注意 在 MySQL 中,模式就是数据库,即 Database,为了防止概念混淆,本书将模式统称为数据库。

3.2.1 创建数据库

在 2.3.3 节介绍了通过 MySQL Workbench 工具管理数据库(即 Schema),这里不再赘述,本节重点介绍通过 SQL 代码创建数据库。通过 SQL 代码创建数据库的基本语法格式如下。

```
CREATE DATABASE db_name
```

创建数据库时,上面代码中的 DATABASE 可以换成 SCHEMA。

创建一个学校数据库(school_db)的示例代码如下。

```
-- 创建 school_db 数据库
CREATE DATABASE school_db ;
```

执行代码后会创建 school_db 数据库。SQL 代码中的"--"表示注释,它与注释内容之间会隔一个空格。

SQL 代码执行过程可以参考 2.3.5 节,这里不再赘述。

3.2.2 删除数据库

有时候还需要删除数据库,删除数据库的基本语法格式如下。

```
DROP DATABASE db_name
```

删除学校数据库(school_db)的示例代码如下。

```
-- 删除数据库 school_db
DROP DATABASE school_db ;
```

上述代码执行后,会删除 school_db 数据库,但是如果数据库不存在,则会发生如下错误。

```
Error Code: 1008. Can't drop database 'school_db'; database doesn't exist
```

使用 MySQL Workbench 工具执行上述 SQL 代码,结果如图 3-1 所示。

为了防止删除不存在的数据库而引发的错误,可以使用 IF EXISTS 子句判断数据库是否存在,修改代码如下。

```
-- 删除数据库 school_db
DROP DATABASE IF EXISTS school_db;
```

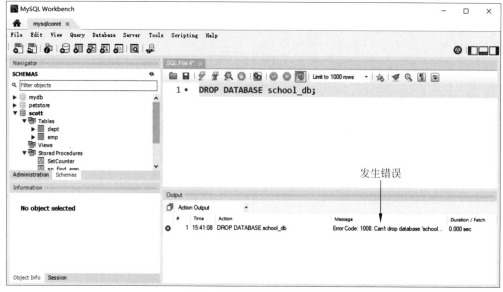

图 3-1　删除数据库执行结果

3.2.3　选择数据库

由于可以有多个数据库，不同的数据库中又有很多不同的对象，因此选择数据库也是非常重要的，选择数据库可以使用 USE 语句实现。

选择 school_db 数据库示例代码如下。

```
-- 选择使用 school_db 数据库
USE school_db;
```

如图 3-2 所示的 3 个数据库都未被选中，现使用 USE 语句选择某个数据库，界面如图 3-3 所示，被选中的数据库会用加粗字体显示。

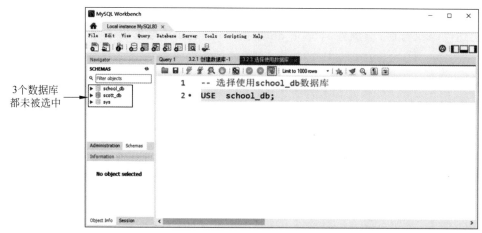

图 3-2　3 个数据库都未被选中

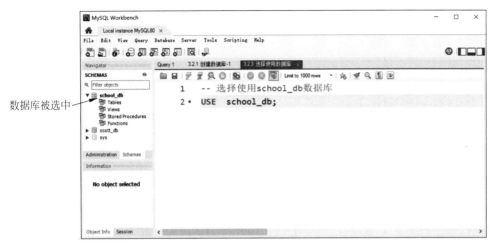

图 3-3 使用 USE 语句选中数据库后的界面

3.3 创建表

微课视频

表管理包括创建表、修改表和删除表操作,本节介绍创建表。

在数据库中创建表可以使用 CREATE TABLE 语句。CREATE TABLE 语句的基本语法格式如下。

```
CREATE TABLE table_name (
table_field1 datatype[(size)],
table_field2 datatype[(size)],
    ...
)
```

其中,table_name 是表名,table_field1 和 table_field2 等是表中的字段。表名和字段名是开发人员自定义的名称,但一般不推荐中文名称,如果有多个英文单词,推荐使用下画线分隔,如 s_id 和 s_name。

语法结构中的 datatype 是字段的数据类型;size 指定数据类型所占用的内存空间。注意语法结构中括号"[]"中的内容可以省略,因此[(size)]表示 size 是可以省略的。如果要定义多个字段,则字段之间要用逗号","分隔,但是最后一个字段之后要省略逗号。

下面通过示例介绍 CREATE TABLE 语句的使用。创建学生表,结构如表 3-4 所示。

表 3-4 学生表结构

字 段 名	数 据 类 型	长 度	备 注
s_id	INTEGER		学号
s_name	VARCHAR(20)	20	姓名
gender	CHAR(1)	1	性别,F 表示女,M 表示男
PIN	CHAR(18)	18	身份证号码

创建学生表的示例代码如下。

```
-- 3.3 创建表
-- 创建学生表的语句
CREATE TABLE student(
    s_id   INTEGER,         -- 学号                             ①
    s_name VARCHAR(20),     -- 姓名                             ②
    gender CHAR(1),         -- 性别,'F'表示女,'M'表示男          ③
    PIN    CHAR(18)         -- 身份证号码                        ④
)
```

由于创建表的语句属于 DDL,因此建表的 SQL 文件扩展名可以为 .ddl 或 .sql。它是一个文本文件,可以通过任意文本编辑工具进行编辑。这种文件通常可以通过数据库管理工具执行,因此也称为脚本文件。

代码第①行定义 s_id 字段,其中 INTEGER 指定字段为整数类型。

代码第②行定义 s_name 字段,其中 VARCHAR(20)表示长度可变,且最大长度为 20 字节的字符串类型。

代码第③行定义 gender 字段,其中 CHAR(1)表示固定长度为 1 字节的字符串类型,其取值为 'F' 或 'M'。

代码第④行定义 PIN 字段,目前身份证号码为 18 位字符串,因此该字段数据类型设置为 CHAR(18),表示固定长度为 18 位的字符串类型。

📎**注意** 上述代码运行后会创建 student 表,但是如果没有使用 USE 语句选中数据库,也没有设置默认数据库,则会发生 Error Code：1046. No database selected 错误。

微课视频

3.4 字段数据类型

在创建表时,要求为每个字段指定具体的数据类型。关系数据共分为 4 种类型：字符串数据、数值数据、日期和时间数据及大型对象数据。

3.4.1 字符串数据

多数数据库都提供以下两种类型字符串数据。

(1) 固定长度(CHAR)字符串：总是占据等量的内存空间,不管实际上它们存储的数据量有多少。

(2) 可变长度(VARCHAR)：可变长度的字符串只占据它们的内容所消耗的内存量。

例如,CHAR(2)表示固定两个字节长度的字符串,当只输入一个字节时,对于未占用的空间,数据库会用空格补位,使之能够始终保持两个字节的占位,这就是所谓的固定长度的字符串;VARCHAR(2)表示两个字节可变长度的字符串,当输入的字符串不足两个字节时,数据库不会补位。

> 提示　如果不能确定字符串的长度,则可以使用 TEXT 类型,该类型可以存储大量文字数据。

3.4.2　数值数据

多数数据库都提供至少两种类型数值数据:整数(INTEGER)和浮点数(FLOAT 或 REAL)。

整数和浮点数可以统一用 numeric[(p[,s])]表示。其中,numeric 表示十进制数值数据;p 为精度,即整数位数与小数位数之和;s 为小数位数。此外,还有一些数据库提供更加独特的数字类型。

3.4.3　日期和时间数据

多数关系数据库支持的另一种独特的数据类型是日期和时间数据。数据库处理日期和时间数据的方式有很多种,日期和时间数据中日期的存储和显示方法都可以变化,有些数据库还支持更多类型的时间数据。本质上,关系数据库所支持的 3 种类型日期和时间数据为日期、时间、日期+时间组合。

3.4.4　大型对象

大多数数据库为字段提供大型对象类型数据,大型对象主要分为以下两种类型数据。

(1) 大文本(CLOB):保存大量的文本数据。有的数据库中大文本可以容纳高达 4GB 的数据,有的数据库提供使用 TEXT 类型作为大文本数据类型。

(2) 大二进制(BLOB):保存大量的二进制数据,如图片、视频等二进制文件数据。

3.5　指定键

键是数据库的一种约束行为,它对于防止数据重复、保证数据的完整性是非常重要的。在定义表时可以指定键,包括候选键(CK)、主键(PK)和外键(FK)。

3.5.1　指定候选键

指定表的候选键使用 UNIQUE 关键字实现,语法格式有两种。

1. 在定义字段时指定

示例代码如下。

```
-- 指定候选键
-- 创建学生表语句
CREATE TABLE student(
    s_id INTEGER,                -- 学号
    s_name  VARCHAR(20),         -- 姓名
    gender   CHAR(1) ,           -- 性别, 'F'表示女, 'M'表示男
```

微课视频

```
    PIN     CHAR(18) UNIQUE        -- 身份证号码                              ①
)
```

代码第①行定义 PIN 字段，可见在定义 PIN 字段后面使用 UNIQUE 关键字，这样就将 PIN 字段指定为候选键了。

2. 在 CREATE TABLE 语句结尾处添加 UNIQUE 子句指定

示例代码如下。

```
-- 指定候选键
-- 创建学生表语句
CREATE TABLE student(
    s_id    INTEGER,            -- 学号
    s_name  VARCHAR(20),        -- 姓名
    gender  CHAR(1),            -- 性别, 'F'表示女, 'M'表示男
    PIN     CHAR(18),           -- 身份证号码
    UNIQUE  (PIN)               -- 定义身份证号码为候选键                ①
)
```

代码第①行在 CREATE TABLE 语句结尾处添加 UNIQUE 子句（单独一行），注意它与其他字段定义语句用逗号分隔。

学生表创建完成后，可以使用 MySQL Workbench 工具测试候选键，如图 3-4 所示。试图通过 INSERT 语句插入两条数据，注意它们的 PIN 字段数据是重复的 51 **************** 3，会引发违反候选键约束错误 Error Code：1062. Duplicate entry '51 **************** 3' for key 'student. PIN'。

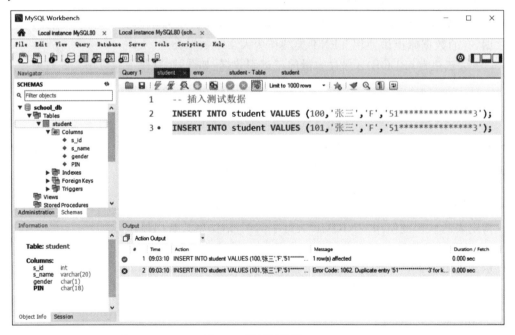

图 3-4　测试候选键 1

　　候选键可以是一个字段,也可以是多个字段的组合,上述示例介绍的是一个字段作为候选键的情况,下面再介绍多个字段组合作为候选键的示例,该示例是创建一个学生成绩表(student_score)。学生成绩表的相关信息如表 3-5 所示。

表 3-5　学生成绩表

字　段　名	数 据 类 型	长　　度	是否候选键	备　　注
s_id	INTEGER		是	学号
c_id	INTEGER		是	课程编号
score	INTEGER		否	成绩

创建学生成绩表的示例代码如下。

```
-- 指定多个字段组合候选键
-- 创建学生成绩表语句
CREATE TABLE student(
    s_id     INTEGER,              -- 学号
    c_id     INTEGER,              -- 课程编号
    score    INTEGER,              -- 成绩
    UNIQUE  (s_id,c_id)            -- 定义多字段组合候选键        ①
)
```

代码第①行指定 s_id 和 c_id 字段为组合候选键。

　　学生成绩表创建完成之后,可以测试候选键,使用 MySQL Workbench 工具测试候选键,试图通过 INSERT 语句插入数据,如图 3-5 所示,如果候选键有重复数据,则会引发错误 Error Code：1062.Duplicate entry '100-2' for key 'student_score.s_id'。

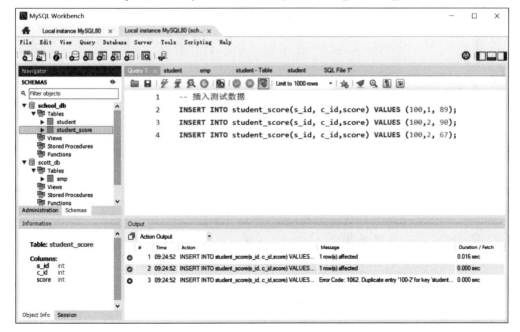

图 3-5　测试候选键 2

3.5.2 指定主键

可以使用 PRIMARY KEY 关键字指定主键，它可以与 UNIQUE 关键字一起用在 CREATE TABLE 语句中。指定主键的方法也有两种。

1. 定义字段时指定

示例代码如下。

```
-- 指定主键
-- 创建学生表语句
CREATE TABLE student(
    s_id INTEGER PRIMARY KEY,        -- 学号                    ①
    s_name  VARCHAR(20),

    s_name  VARCHAR(20),
    gender  CHAR(1),
    PIN     UNIQUE CHAR(18)) UNIQUE
)
```

代码第①行定义 s_id 字段，可见在定义 s_id 字段后面使用 PRIMARY KEY 关键字，就可以将 s_id 字段指定为主键了。

2. 在 CREATE TABLE 语句结尾处添加 PRIMARY KEY 子句指定

示例代码如下。

```
-- 指定主键
-- 创建学生表语句
CREATE TABLE student (
    s_id    INTEGER ,      -- 学号
    s_name  VARCHAR(20),
    gender  CHAR(1),
    PIN  CHAR(18) UNIQUE,                        ①
    PRIMARY KEY(s_id)                            ②
)
```

代码第①行指定候选键，代码第②行指定主键。主键和候选键都可以防止数据重复，读者可以参考候选键测试方法测试，这里不再赘述。

主键也可以是一个字段或多个字段的组合。修改学生成绩表，如表 3-6 所示，学生成绩表的主键是由 s_id 和 c_id 两个字段组合而成的。

表 3-6　学生成绩表

字 段 名	数据类型	长　度	是否主键	备　注
s_id	INTEGER		是	学号
c_id	INTEGER		是	课程编号
score	INTEGER		否	成绩

创建学生成绩表代码如下。

```
-- 指定主键
-- 创建学生成绩表语句
CREATE TABLE student_score(
    s_id    INTEGER,                -- 学号
    c_id    INTEGER,                -- 课程编号
    score   INTEGER,                -- 成绩
    PRIMARY KEY (s_id,c_id)         -- 定义多字段组合主键                    ①
)
```

代码第①行指定 s_id 和 c_id 字段为主键。

3.5.3　指定外键

微课视频

指定外键使用 REFERENCES 关键字实现。将表 3-3 所示的学生成绩表中的学号字段(s_id)引用到表 3-1 所示的学生表中的学号字段(s_id)。学生成绩表称为子表,学生表称为父表。

> **提示**　这种表之间的外键关联关系通过文字描述不够形象,在数据库设计中,这种关系可以通过 ER(实体关系)图描述,如图 3-6 所示,学生成绩表有两个外键(学号和课程编号),学生成绩表通过学号关联到学生表。另外,学生成绩表通过课程编号关联到课程表。

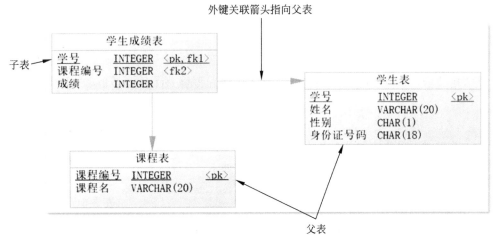

图 3-6　ER 图

指定外键的方法也有两种。

1. 在定义字段时通过 REFERENCES 关键字指定

示例代码如下。

```
-- 指定外键
-- 创建学生成绩表语句
```

```
CREATE TABLE student_score(
    s_id      INTEGER REFERENCES student(s_id),    -- 学号              ①
    c_id      INTEGER,                             -- 课程编号
    score     INTEGER,                             -- 成绩
    PRIMARY KEY (s_id,c_id)
)
```

代码第①行定义 s_id 字段。在定义 s_id 字段时，后面使用 REFERENCES 关键字指定外键关联的父表及字段，这里的 s_id 字段就是外键。

2. 在 CREATE TABLE 语句结尾处添加 FOREIGN KEY 子句指定

示例代码如下。

```
-- 指定外键
-- 创建学生成绩表语句

CREATE TABLE student_score(
    s_id      INTEGER ,                    -- 学号
    c_id      INTEGER,                     -- 课程编号
    score     INTEGER,                     -- 成绩
    PRIMARY KEY (s_id,c_id),
    FOREIGN KEY (s_id) REFERENCES student(s_id)                    ①
)
```

代码第①行是 FOREIGN KEY 子句，FOREIGN KEY 关键字后面的（s_id）是指定表的外键。

微课视频

3.6 其他约束

除了指定键约束外，还有指定默认值、禁止空值和设置 CHECK 约束等。

3.6.1 指定默认值

在定义表时可以为字段指定默认值，使用 DEFAULT 关键字实现。例如，在定义学生表时，可以为性别字段设置默认值'F'。示例代码如下。

```
-- 创建学生表
-- 指定默认值
CREATE TABLE student(
    s_id INTEGER,                    -- 学号
    s_name  VARCHAR(20),             -- 姓名
    gender  CHAR(1) DEFAULT 'F' ,    -- 性别,'F'表示女,'M'表示男,默认值为'F'      ①
    PIN     CHAR(18) UNIQUE          -- 身份证号码
)
```

代码第①行为性别（gender）字段设置默认值'F'，表示默认为女性。当没有给性别字段提供数据时，数据库系统会为其提供默认值'F'。如图 3-7 所示，插入数据时，没有为性别（gender）字段提供数据，则系统会为其提供默认值'F'。

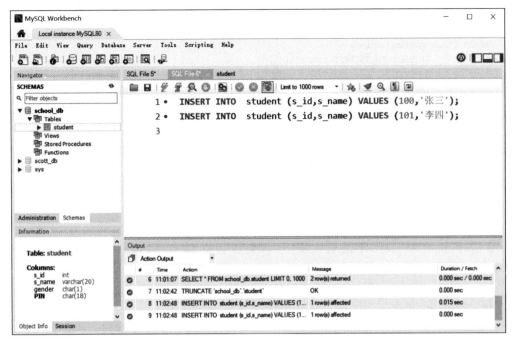

图 3-7　指定默认值执行结果

3.6.2　禁止空值

有时输入空值会引起严重的程序错误,在定义字段时,可以使用 NOT NULL 关键字设置字段禁止输入空值。

示例代码如下。

```
-- 创建学生表
-- 禁止空值
CREATE TABLE student(
    s_id INTEGER,                 -- 学号
    s_name  VARCHAR(20) NOT NULL, -- 姓名             ①
    gender  CHAR(1) DEFAULT 'F',  -- 性别,'F'表示女,'M'表示男,默认值为'F'
    PIN     CHAR(18) UNIQUE       -- 身份证号码
)
```

代码第①行为姓名(s_name)字段设置禁止空值。插入数据时,如果没有为姓名(s_name)字段提供数据,则会引发错误 Error Code:1364. Field 's_name' doesn't have a default value。

3.6.3　设置 CHECK 约束

CHECK 关键字用来限制字段所能接收的数据。例如,在学生成绩表中可以限制成绩(score)字段的值为 0～100。示例代码如下。

```
--  指定外键
--  创建学生成绩表语句
CREATE TABLE student_score(
    s_id      INTEGER REFERENCES student(s_id),              --  学号
    c_id      INTEGER,                                       --  课程编号
    score     INTEGER CHECK (score >= 0 AND score <= 100),   --  成绩          ①
    PRIMARY KEY (s_id,c_id)
)
```

代码第①行在定义 score 字段时设置对该字段的限制，CHECK 关键字后面的表达式 "(score >= 0 AND score <= 100)"是限制条件，其中>= 和<= 为条件运算符，AND 为逻辑运算符，表示"逻辑与"，类似的还有 OR 表示"逻辑或"，NOT 表示"逻辑非"。有关条件运算符和逻辑运算符将在第 7 章详细介绍。

学生成绩表创建完成后，可以测试 CHECK 约束，如图 3-8 所示。通过 INSERT 语句插入数据时，试图为 score 字段输入值－20，则会引发 Error Code：1136. Column count doesn't match value count at row 1 错误。

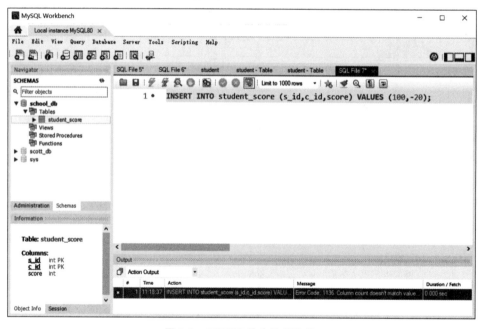

图 3-8　CHECK 约束执行结果

微课视频

3.7　修改表

有时表建立后，由于某种原因需要修改表的结构或字段的定义。使用 ALTER TABLE 语句可以修改表的结构。下面介绍如何通过 ALTER TABLE 语句实现修改表名、修改字段名、添加字段和删除字段等操作。

3.7.1　修改表名

修改表名的 ALTER TABLE 语句基本语法格式如下。

```
ALTER TABLE table_name
RENAME TO new_table_name
```

其中,table_name 为要修改的表名,new_table_name 为修改后的表名。

◎注意　不同数据库中的 ALTER TABLE 语句的语法格式有很大的不同,上述 ALTER TABLE 语句语法格式主要支持 Oracle 和 MySQL 数据库。

示例代码如下。

```
-- 修改表名
-- 将表名 student 修改为 stu_table
ALTER TABLE student RENAME TO stu_table;                ①
```

代码第①行将 student 表名修改为 stu_table,如图 3-9 所示。

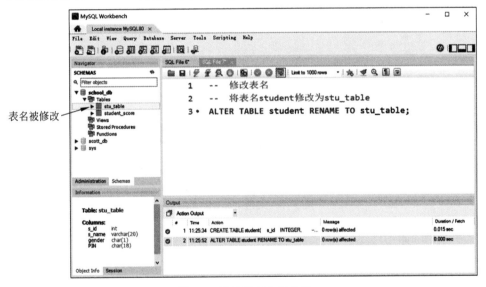

图 3-9　修改表名执行结果

3.7.2　添加字段

有时表已经创建好了,甚至使用了一段时间,表中有了一些数据,这时如果删除表再新建,代价就很大。此时,可以使用 ALTER TABLE 语句中的 ADD 语句在现有表中添加字段,语法格式如下。

```
ALTER TABLE table_name ADD field_name datatype[(size)]
```

其中，table_name 为要修改的表名，field_name 为要添加的字段。

以下代码是在 student 表中添加两个字段。

```
-- 在 student 表中添加 birthday(生日)和 phone(电话)字段
ALTER TABLE student ADD     birthday CHAR(10);        ①
ALTER TABLE student ADD     phone VARCHAR(20);        ②
```

代码第①行在 student 表中添加 birthday 字段，代码第②行在 student 表中添加 phone 字段。在 MySQL Workbench 工具中执行上述 SQL 语句，结果如图 3-10 所示。

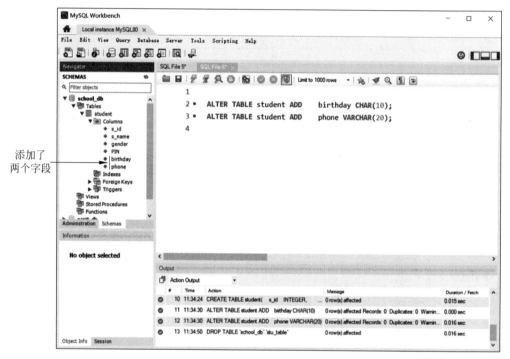

图 3-10　添加字段执行结果

3.7.3　删除字段

既然可以在现有表中添加字段，当然也可以删除字段。可以使用 ALTER TABLE 语句的 DROP COLUMN 语句在现有表中删除字段，语法格式如下。

```
ALTER TABLE table_name DROP COLUMN field_name
```

以下代码是从 student 表中删除 birthday 字段。

```
-- 从 student 表中删除 birthday 字段
ALTER TABLE student DROP COLUMN birthday;                    ①
```

代码第①行从 student 表中删除 birthday 字段。在 MySQL Workbench 工具中执行上述 SQL 语句，结果如图 3-11 所示。

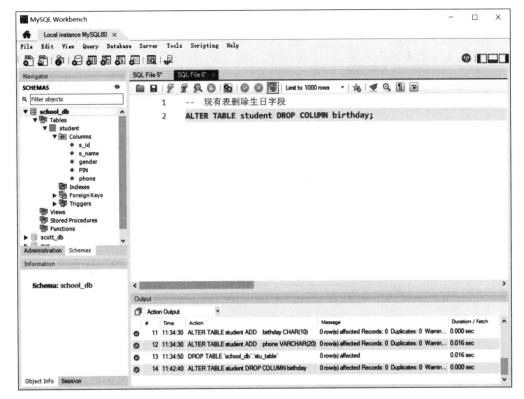

图 3-11　删除字段执行结果

3.8　删除表

通过 DROP TABLE 语句实现删除表,语法格式如下。

```
DROP TABLE [ IF EXISTS] table_name
```

注意,中括号"[ ]"中的内容是可以省略的。

删除 student 表的示例代码如下。

```
-- 删除 student 表
DROP TABLE student;                    ①
```

上述代码执行结果如图 3-12 所示,可见 student 表被删除了。

但是如果要删除的表不存在,则将发生 Error Code:1051. Unknown table 'school_db. student'错误。

为了防止错误发生,可以增加 IF EXISTS 子句,示例代码如下。

```
DROP TABLE IF EXISTS student;
```

如果表不存在,上述示例代码执行时不会发生错误,但会出现警告:1051 Unknown table 'school_db. student',如图 3-13 所示。

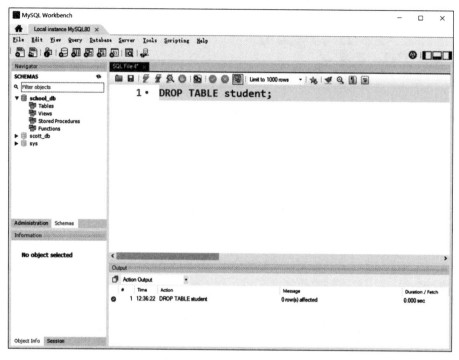

图 3-12　删除表执行结果

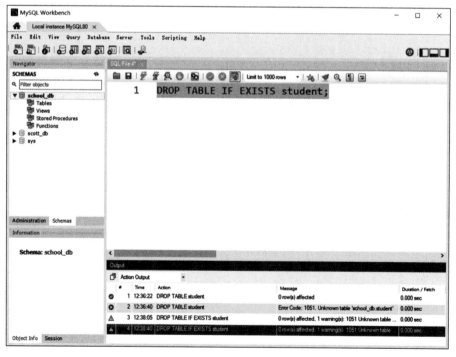

图 3-13　表不存在时的执行结果

3.9　动手练一练

1. 简答题

（1）请简述表记录和字段。

（2）请说明主键、候选键和外键的区别。

2. 选择题

下列哪些约束可以防止数据重复？（　　　）

A. UNIQUE 约束 B. FOREIGN KEY 约束

C. PRIMARY KEY 约束 D. CHECK 约束

3. 操作题

（1）使用命令提示符工具登录 MySQL 数据库服务器，并创建 MyDB 数据库。

（2）使用命令提示符工具登录 MySQL 数据库服务器，并在 MyDB 数据库中创建 teacher 表。

第 4 章

视 图 管 理

第 3 章介绍了 DDL 中的表管理,本章介绍视图管理。

微课视频

4.1 视图概念

视图是从一个或几个其他表或视图导出的虚拟表,视图中的数据仍存储在导出视图的基本表(简称基表)中。视图在概念上与基本表等同,用户可以在视图上再定义视图。如图 4-1 所示,v_t1_t2_t3_视图数据来自 3 个基表,即表 1、表 2 和表 3。

使用视图的优势如下。

(1) 视图可以表示表中数据的子集,如由于需要经常查询学生表中成绩大于 80 分的学生数据,则可以针对这些数据定义一个视图。

(2) 视图可以简化查询操作,如对于经常使用的用多表连接查询,可以定义一个视图。

(3) 视图可以充当聚合表,如果经常需要对数据进行聚合操作(如求和、求平均值、求最大值和最小值等),则可以定义一个视图。

(4) 视图能够对机密数据提供安全保护,如老板不希望普通员工看到别人的工资,这种

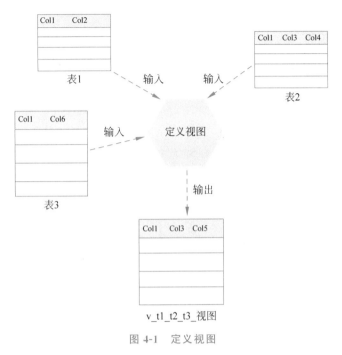

图 4-1　定义视图

情况下可以定义一个视图,将工资等敏感字段隐藏起来。

> **注意**　由于视图是不存储数据的虚拟表,因此对视图的更新(INSERT、DELETE 和 UPDATE)操作最终要转换为对基本表的更新。不同的数据库对更新视图有不同的规定和限制,因此,使用视图通常只是为了方便查询数据,而很少更新数据。

4.2　创建视图

微课视频

视图管理包括创建视图、修改视图和删除视图等操作,本节先介绍创建视图。

4.2.1　案例准备: Oracle 自带示例——SCOTT 用户数据

为了学习创建视图,这里先介绍所用到的 Oracle 自带示例的 SCOTT 用户数据。图 4-2 所示为 SCOTT 用户表的 ER 图,可见 EMP(员工)表通过所在部门字段关联 DEPT(部门) 表的部门编号。

读者可以根据图 4-2 所示的 ER 图,创建 EMP 表和 DEPT 表。可以通过图形界面功能创建表,但笔者更推荐采用脚本创建表,这样有助于熟悉数据库的建表语句。创建表的脚本代码如下。

```
-- 删除数据库 scott_db
DROP DATABASE IF EXISTS scott_db;
```

图 4-2   ER 图

```
-- 创建 scott_db 数据库
CREATE DATABASE scott_db ;                              ①
-- 选择使用 school_db 数据库
USE scott_db;

-- 删除 EMP 表
drop table if exists EMP;
-- 删除 DEPT 表
drop table if exists DEPT;

-- 创建 DEPT 表
create table DEPT
(
    DEPTNO          int not null,       -- 部门编号
    DNAME           varchar(14),        -- 名称
    loc             varchar(13),        -- 所在位置
    primary key (DEPTNO)
);


-- 创建 EMP 表

create table EMP
(
    EMPNO           int not null,       -- 员工编号
    ENAME           varchar(10),        -- 员工姓名
    JOB             varchar(9),         -- 职位
    MGR             int,                -- 员工顶头上司
    HIREDATE        char(10),           -- 入职日期
    SAL             float,              -- 工资
    comm            float,              -- 奖金
    DEPTNO          int,                -- 所在部门
    primary key (EMPNO),
    foreign key (DEPTNO) references DEPT (DEPTNO)
);
```

上述代码先创建数据库 scott_db，然后再创建两个表，具体代码第 3 章已经介绍过了，这里不再赘述。表创建好后，可以使用 INSERT 语句插入数据，参考代码如下。

```
-- 插入部门数据
insert into DEPT (DEPTNO, DNAME, LOC)
values (10, 'ACCOUNTING', 'NEW YORK');
insert into DEPT (DEPTNO, DNAME, LOC)
values (20, 'RESEARCH', 'DALLAS');
insert into DEPT (DEPTNO, DNAME, LOC)
values (30, 'SALES', 'CHICAGO');
insert into DEPT (DEPTNO, DNAME, LOC)
values (40, 'OPERATIONS', 'BOSTON');

-- 插入员工数据
insert into EMP (EMPNO, ENAME, JOB, MGR, HIREDATE, SAL, comm, DEPTNO)
values (7369, 'SMITH', 'CLERK', 7902, '1980-12-17', 800, null, 20);
…
values (7902, 'FORD', 'ANALYST', 7566, '1981-12-3', 3000, null, 20);
insert into EMP (EMPNO, ENAME, JOB, MGR, HIREDATE, SAL, comm, DEPTNO)
values (7934, 'MILLER', 'CLERK', 7782, '1981-12-3', 1300, null, 10);
```

需要注意的是，由于员工数据依赖于部门数据，所以应该先插入部门数据，再插入员工数据。执行上述代码，数据插入成功，如图 4-3 所示。

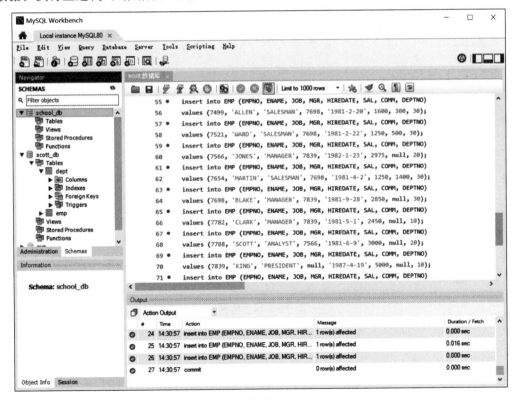

图 4-3　数据插入成功

4.2.2　提出问题

如果需要经常列出每个部门的雇员数，则可以使用以下语句进行查询。

```
-- 列出每个部门的雇员数
use scott_db;

SELECT DEPTNO, count( * )
  FROM EMP
  GROUP BY;
```

上述代码中的 GROUP BY 是分组子句。有关 SELECT 语句以及分组的详细内容将在 7.1 节介绍，本节不再赘述。语句执行结果如图 4-4 所示。

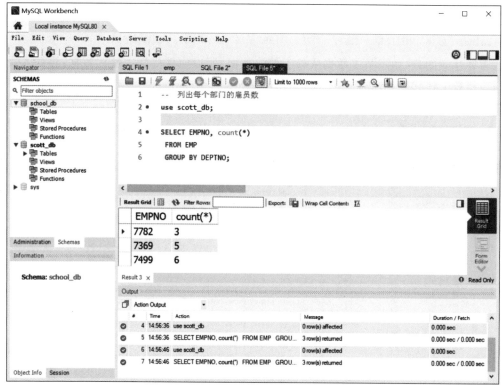

图 4-4　执行结果

4.2.3　解决问题

使用 4.2.2 节示例代码查询每个部门的雇员数，似乎并不复杂，但是如果这个查询经常使用，每次都要编写 SQL 语句也很麻烦。此时可以为这个查询创建一个视图。创建视图的语法格式如下。

```
CREATE VIEW view_name AS <查询表达式>
```

在上述语法格式中,CREATE VIEW 是创建视图关键字；AS 后面是查询表达式,它是与视图相关的 SELECT 语句。

为了查询每个部门的雇员数,可以创建一个视图,示例代码如下。

```
-- 创建"查询每个部门的雇员数"视图
CREATE VIEW V_EMP_COUNT            ①
AS                                 ②
SELECT DEPNO, count( * )           ③
    FROM EMP
    GROUP BY DEPTNO;               ④
```

代码第①行中的 CREATE VIEW 是创建视图关键字,V_EMP_COUNT 是自定义视图名；代码第②行中的 AS 也是创建视图的关键字,它后面跟有查询表达式,见代码第③行和第④行,这个查询表达式与 4.2.2 节的示例查询是一样的。

使用 MySQL Workbench 工具查看创建好的视图,如图 4-5 所示,从数据库结构中可以看到刚创建的 V_EMP_COUNT 视图。

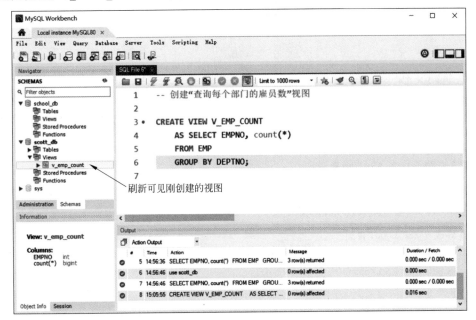

图 4-5　查看创建好的视图

在查询数据时,视图与表的使用方法一样,查询 V_EMP_COUNT 视图代码如下。

```
-- 查询 V_EMP_COUNT 视图
SELECT * FROM V_EMP_COUNT;
```

使用 MySQL Workbench 工具查询视图,如图 4-6 所示。

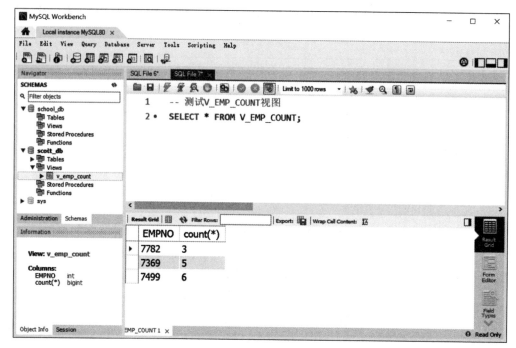

图 4-6　查询视图

微课视频

4.3　修改视图

与表类似，有时视图建立后，由于某种原因需要修改。修改视图是通过 ALTER VIEW 语句实现的，它的语法格式如下。

```
ALTER VIEW 视图名 AS<查询表达式>
```

可见 ALTER VIEW 语句与 CREATE VIEW 语句的语法格式相同。修改 4.2.3 节创建的 V_EMP_COUNT 视图，代码如下。

```
-- 修改 V_EMP_COUNT 视图
ALTER VIEW V_EMP_COUNT (EMP_ID, NumEmployees)        ①
    AS SELECT EMPNO, count( * )
    FROM EMP
    GROUP BY DEPTNO;
```

上述代码修改了 V_EMP_COUNT 视图，事实上是重新定义视图。需要注意，代码第①行的(EMP_ID, NumEmployees)是给出视图字段名列表，这个列表与关联的 SELECT 语句对应。

使用 MySQL Workbench 工具查询修改后的视图，如图 4-7 所示。

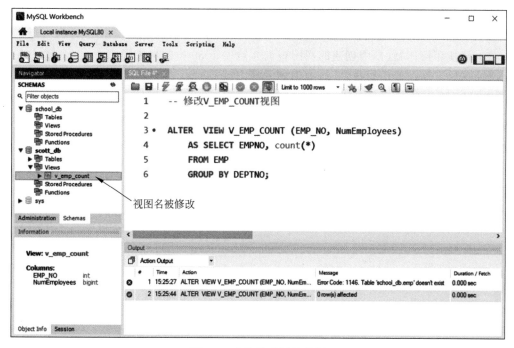

图 4-7 查询修改后的视图

4.4 删除视图

删除视图通过执行 DROP VIEW 语句实现,语法格式如下。

```
DROP VIEW 视图名
```

删除 V_EMP_COUNT 视图的代码如下。

```
-- 删除 V_EMP_COUNT 视图
DROP VIEW V_EMP_COUNT;
```

上述代码实现了删除 V_EMP_COUNT 视图操作,代码很简单,这里不再解释。

4.5 动手练一练

1. 简答题

请简述使用视图的作用。

2. 选择题

下列哪些语句可以创建视图?( )

A. DROP VIEW   B. ALTER VIEW

C. CREATE VIEW   D. CREATE TABLE

3. 操作题

（1）请在 teacher 表上创建视图，用来查询年龄大于 50 岁的老师。

（2）请使用操作题(1)中创建的视图查询年龄大于 50 岁的男老师。

（3）请练习如何使用操作题(2)中创建的视图。

第 5 章

索 引 管 理

　　索引也是数据库中的对象,它可以提高查询数据的速度,但会影响插入和删除数据的效率。表的索引与书籍目录类似,在索引中保存了表中记录位置的相关信息,在运行查询时,首先在索引中查询,而不是直接在表中查询,查询到相关记录之后立即跳转到表中存储记录的位置。这与看书时先在目录中查找相关主题,找到后再到书中查找具体内容,在原理上是一样的。

　　本章介绍索引管理。

5.1　创建索引

微课视频

　　创建索引的语法格式如下。

```
CREATE [UNIQUE] INDEX index_name ON table(field)
```

其中 UNIQUE 用于声明创建唯一索引,INDEX index_name 是要创建的索引名,table 是要创建的索引所在的表,field 是创建的索引所在的字段。

　　创建索引的示例代码如下。

```
-- 在 EMP 表的 EMPNO 字段上创建索引
CREATE INDEX emp_no_index ON EMP(EMPNO);
```

上述代码执行后会在 EMP 表的 EMPNO 字段上创建索引 emp_no_index，使用 MySQL Workbench 工具创建索引如图 5-1 所示。

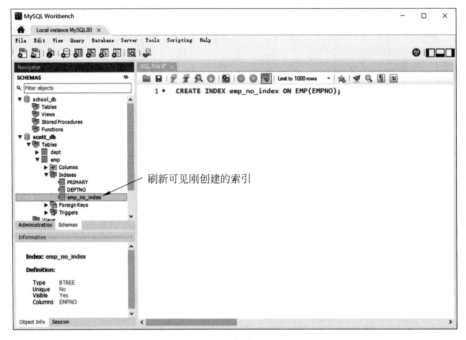

图 5-1　创建索引

由图 5-1 可见，除了刚创建的 emp_no_index 索引外，还有 PRIMARY 和 DEPTNO 两个索引，这两个索引并没有显示地创建，这是因为它们是在创建主键（PRIMARY）和外键（DEPTNO）的过程中伴随创建的。

💡提示　在创建了索引之后，每当 SQL 语句的 WHERE 子句中引用了索引中的字段，都会大大提高查询速度。

下面比较如下两条查询语句。

```
SELECT * FROM EMP;                          ①
SELECT * FROM EMP WHERE EMPNO IS NOT NULL;  ②
```

上述两条查询语句虽然查询结果相同，但是在表中数据量比较大的情况下，第②条查询语句将优于第①条查询语句。

5.1.1　创建多字段组合索引

为了充分发挥索引的作用，还可以创建多个字段的组合索引，示例代码如下。

```
CREATE INDEX emp_ENAME_JOB_index ON EMP(ENAME,JOB);
```

上述代码执行后会在 EMP 表的 ENAME 和 JOB 字段上创建索引 emp_ENAME_JOB_index，使用 MySQL Workbench 工具创建多字段组合索引如图 5-2 所示。

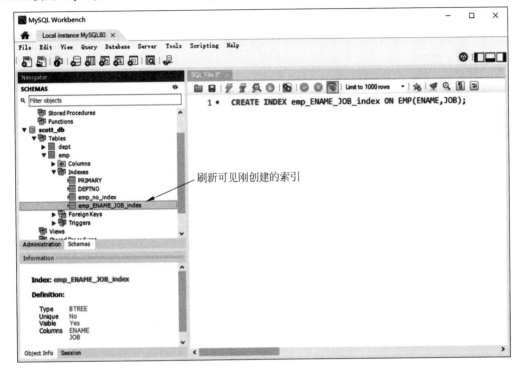

图 5-2 创建多字段组合索引

5.1.2 创建唯一索引

在创建索引时还可以添加 UNIQUE 子句，以创建唯一索引。创建唯一索引的字段，在创建索引的同时添加了 UNIQUE 约束，从而保证数据不会重复。

创建唯一索引示例代码如下。

```
CREATE UNIQUE INDEX emp_no_index2 ON EMP(ENAME);
```

上述代码执行后会在 EMP 表的 ENAME 字段上创建唯一索引 emp_no_index2，使用 MySQL Workbench 创建唯一索引如图 5-3 所示。

为了测试唯一索引的 UNIQUE 约束，可以插入与 ENAME 字段相同的数据，测试代码如下。

```
INSERT INTO EMP (EMPNO,ENAME,JOB) VALUES (8888,'刘备', '总经理');
INSERT INTO EMP (EMPNO,ENAME,JOB) VALUES (8889,'刘备', '大老板');
```

插入与 ENAME 字段相同的数据，如果使用 MySQL Workbench 工具测试，则第一条数据可以插入，而第二条数据不能插入，如图 5-4 所示。

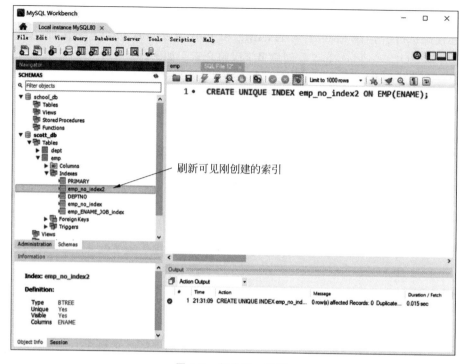

刷新可见刚创建的索引

图 5-3　创建唯一索引

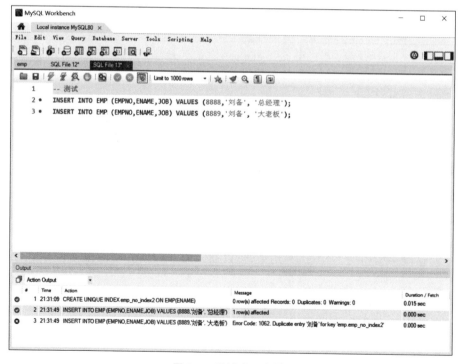

图 5-4　测试唯一索引

微课视频

5.2 删除索引

既然可以创建索引,当然也可以删除索引,删除索引的语法格式如下。

```
DROP INDEX index_name ON table
```

删除索引示例代码如下。

```
DROP INDEX emp_no_index2 ON EMP;
```

上述代码会删除 EMP 表中的 emp_no_index2 索引,如果使用 MySQL Workbench 工具测试,则可见 emp_no_index2 索引已经被删除,如图 5-5 所示。

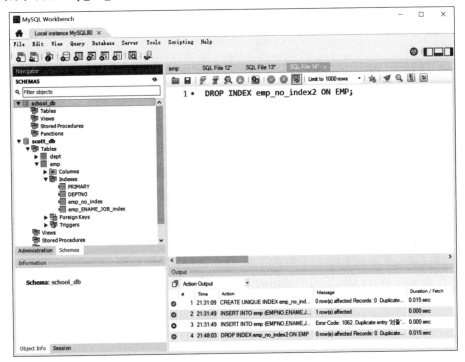

图 5-5 删除索引

5.3 使用索引的最佳实践

微课视频

虽然从语法上看创建索引很简单,但是使用好索引并不是一件容易的事情。

在数据库创建索引存在着很大的误区,很多人盲目地认为对一个表创建越多的索引,就越可以提高数据库性能,但事实并非如此。索引一方面可以提高查询速度,但另一方面会降低插入和删除数据的速度。下面总结使用索引的一些最佳实践。

在哪些字段上创建索引,应该遵守如下原则。

（1）大量值：如果在存储大量值的字段上创建索引，索引会更好地发挥作用。

（2）在查询中经常使用：在查询的 WHERE 子句中使用的字段上创建索引，能提高查询速度。

（3）在表连接操作中经常使用：在表连接时，如果在连接字段上创建索引，也可以提高查询速度。有关表连接操作将在第 10 章介绍。

💡提示　事实上很难为制作索引整理出一个一般性的规则，因为在不同数据库中查询优化程序可能有很大的区别。可以提供的最好的建议是：如果在某一字段上查询速度缓慢，那么可以创建索引，如果索引使得性能提高，就保留索引，否则就删除索引。

5.4　动手练一练

1. 简答题

请简述创建索引的意义。

2. 选择题

下列哪些语句可以创建索引？（　　　）

A. DROP VIEW   B. CREATE VIEW

C. CREATE INDEX   D. CREATE TABLE

3. 判断题

（1）索引可以提高更新数据的速度。　　　　　　　　　　　　　　　　（　　　）

（2）索引可以提高查询速度。　　　　　　　　　　　　　　　　　　　（　　　）

（3）在存储大量值的字段上创建索引，索引会更好地发挥作用。　　　（　　　）

（4）在查询的 WHERE 子句中使用的字段上创建索引，能提高查询速度。（　　　）

第 6 章

修 改 数 据

第 3 章介绍了创建表的 DDL 语句,有了本表之后,就可以学习如何修改表中的数据了。从本章开始介绍数据操作语言(DML)。DML 又分为插入、更改和删除语句。

6.1 插入数据——INSERT 语句

微课视频

INSERT 语句是将新数据插入表中的 SQL 语句。INSERT 语句的基本语法格式如下。

```
INSERT INTO table_name
[(field_list)]
VALUES
(value_list);
```

在上述语法结构中,table_name 是要插入数据的表名;field_list 是要插入的字段列表,它的语法格式为(field1,field2,field3,…);value_list 是要插入的数据列表,它的语法格式为(value1,value2,value3,…)。

> **◎注意** value_list 根据 field_list 的个数、顺序和数据类型插入数据，开发人员需要注意它们之间的对应关系。另外，可以省略 field_list，省略时 value_list 将按照表中字段的原始顺序（创建表时的顺序）插入数据。

下面通过一个示例介绍如何使用 INSERT 语句，示例代码如下。

```
-- 插入数据
insert into EMP (EMPNO, ENAME, JOB, SAL, DEPTNO)                                    ①
    values (8888, '关东升', '程序员', 8000, 20);                                      ②
insert into EMP values (8889, 'TOM', '销售人员', 7698, '1981-2-20', 1600, 3000, 30); ③
insert into EMP (EMPNO, ENAME, JOB, SAL, DEPTNO) values (8899, 'TONY', '销售人员', 30); ④
insert into EMP (EMPNO, ENAME) values ('ABC', '张三');                              ⑤
```

上述代码第①行和第②行是一条 SQL 语句，因为 SQL 语句中可以有若干空白（空格符、制表符和换行符等）。

代码第③行的 SQL 语句中省略了 field_list，这条 SQL 语句也可以成功插入数据。

代码第④行的 SQL 语句不能成功插入数据，这是因为要插入的字段有 5 个，但是只提供了 4 个数据。对于该错误，不同数据库的报错内容是不同的，如果使用 MySQL Workbench 工具运行，将引发 Error Code：1136. Column count doesn't match value count at row 1 错误，如图 6-1 所示。

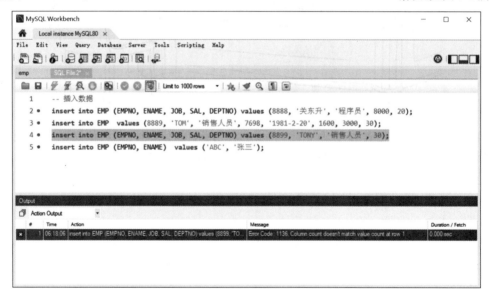

图 6-1　执行出错 1

执行代码第⑤行的 SQL 语句也有错误，虽然插入的数据个数和顺序与 field_list 一致，但是要插入 EMPNO 字段的数据类型是错误的，因为 EMPNO 字段是整数类型，而代码第⑦行提供的数据却是字符串。如果试图在 MySQL 中执行该语句，则会引发 Error Code：1366. Incorrect integer value：'ABC' for column 'EMPNO' at row 1 错误，如图 6-2 所示。

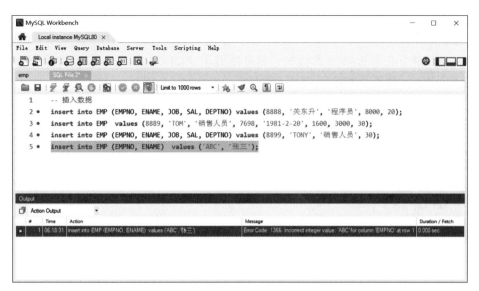

图 6-2 执行出错 2

6.2 更改数据——UPDATE 语句

微课视频

UPDATE 语句用来对表中现有数据进行更新操作,语法格式如下。

```
UPDATE table_name
SET field1 = value1, field2 = value2, ...
[WHERE condition];
```

在上述语法格式中,table_name 是要更新数据的表名;SET 子句后面是要更新的字段和数值对,它们之间用逗号分隔;WHERE 子句是更新的条件,符合该条件的数据会被更新。

📌**注意** UPDATE 语句中的 WHERE 子句可以省略,但是一定要谨慎执行省略 WHERE 子句的 UPDATE 语句,因为它会更新表中的所有数据。

下面通过示例介绍如何使用 UPDATE 语句,示例代码如下。

```
-- 更改数据
UPDATE EMP                                              ①
SET ENAME = '李四', JOB = '人力资源', DEPTNO = 30        ②
WHERE EMPNO = 8888;                                     ③

UPDATE EMP                                              ④
SET SAL = SAL + 500                                     ⑤
WHERE SAL <= 1000;                                      ⑥
```

代码第①~③行是一条 UPDATE 语句,其中代码第②行是 SET 子句,可见更新了两个字段；代码第③行是 WHERE 条件子句。

代码第④～⑥行是一条 UPDATE 语句，其中代码第⑥行的 WHERE 条件子句用于查询工资（SAL）小于或等于 1000 的数据。如果使用 MySQL Workbench 工具执行该 SQL 语句，则会发生错误，如图 6-3 所示，错误提示。

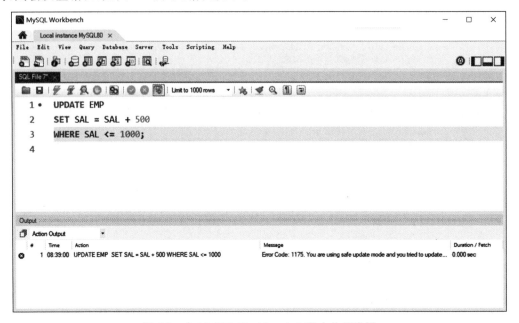

图 6-3　在 MySQL Workbench 工具中执行出错

这个错误并非是 SQL 语句有语法错误导致的，而是因为 MySQL Workbench 工具提供了一种安全机制：在执行 UPDATE 或 DELETE 语句时，如果 WHERE 子句中使用了非键（主键、外键和候选键等）字段作为条件，则 MySQL Workbench 工具会抛出错误。

同样的 SQL 语句如果在命令提示符中执行，却可以成功，如图 6-4 所示。

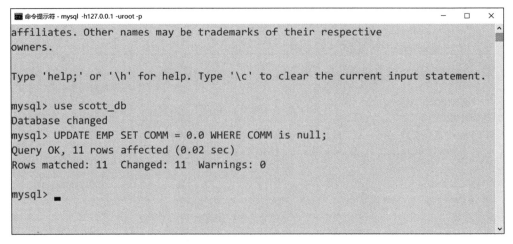

图 6-4　在命令提示符中执行出错

如果想解除 MySQL Workbench 工具的这种限制,可以通过选择 Edit→ Preferences 命令打开 Workbench Preferences 对话框,按照如图 6-5 所示的步骤操作,设置完成后单击 OK 按钮确定,然后重启 MySQL Workbench 工具。

第1步,单击SQL Editor

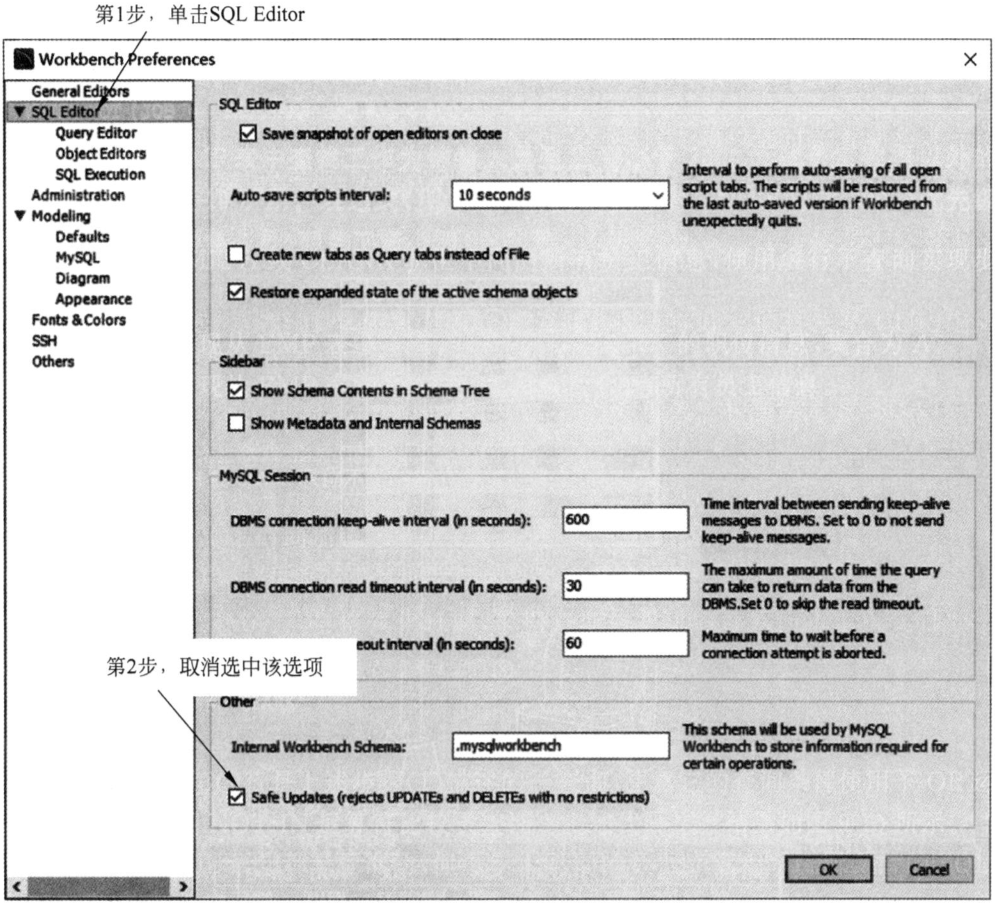

图 6-5 **Workbench Preferences** 对话框

6.3 删除数据——DELETE 语句

微课视频

DELETE 语句可以用于从表中删除数据。DELETE 语句的结构非常简单,语法格式如下。

```
DELETE FROM table_name
[WHERE condition];
```

在上述语法格式中,table_name 是要更新数据的表名,通过使用 WHERE 子句指定删除数据的条件。

📎**注意**　DELETE 语句中的 WHERE 子句与 UPDATE 语句中的 WHERE 子句一样，都可以省略，但是一定要谨慎执行省略 WHERE 子句的 DELETE 语句，因为它会删除表中的所有数据。

下面通过示例介绍如何使用 DELETE 语句，示例代码如下。

```
-- 删除数据
-- 删除 EMP 表中工资低于 1000 元的数据
DELETE FROM EMP WHERE SAL < 1000;            ①

-- 删除销售人员数据
DELETE FROM EMP WHERE JOB = 'SALESMAN';      ②
```

代码第①行从 EMP 表中删除工资低于 1000 元的员工数据；代码第②行从 EMP 表中删除销售人员（SALESMAN）数据。

微课视频

6.4　数据库事务

对数据库的修改过程涉及一个非常重要的概念——事务（Transaction），本节介绍数据库事务。

6.4.1　理解事务概念

提起事务，笔者就会想到银行中两个账户之间转账的例子：张三通过银行转账给李四 1000 元。这同时涉及两个不同账户的读写操作，它的流程如图 6-6 所示。

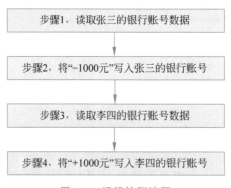

图 6-6　银行转账流程

如图 6-6 所示，银行转账任务有 4 个步骤，这 4 个步骤按照固定的流程顺序完成任务，只有所有步骤全部成功，整个任务才成功，其中只要有一个步骤失败，整个任务就失败了，这个任务就是一个事务。具体在数据库中实现这个任务就是数据库事务了，数据库事务是按照一定顺序执行的 SQL 操作。

6.4.2 事务的特性

为了保证数据库的完整性和正确性,数据库系统必须维护事务的以下特性(简称 ACID)。

(1) 原子性(Atomicity):事务中的所有操作要么全部执行,要么全部不执行。只有全部步骤执行成功,才能提交事务;只要有一个步骤失败,则整个事务必须回滚。例如,在银行转账的示例中,如果步骤 2 成功,但由于某种原因,在执行步骤 4 时失败了,那么如果没有原子性的保证,就会导致张三的银行账户被扣除了 1000 元,而李四却没有收到这1000 元。

(2) 一致性(Consistency):执行事务前后数据库是一致的。例如,在银行转账的示例中,无论成功还是失败,事务完成后,张三和李四银行账户的总金额不变,既不会增加也不会减少。

(3) 隔离性(Isolation):多个事务并发执行,每个事务都感觉不到系统中有其他事务在执行,因而也就能保证数据库的一致性。

(4) 持久性(Durability):事务成功执行后,对数据库的修改是永久性的,即使系统出现故障也不受影响。

6.4.3 事务的状态

事务执行过程中有以下几种状态。

(1) 事务中止:执行过程中发生故障,不能继续执行。

(2) 事务回滚:将中止事务,撤销对数据库的修改。

(3) 已提交事务:成功执行事务并提交(确定数据修改)。

6.4.4 事务控制

事务控制包括提交事务、回滚事务和设置事务保存点。

注意 事务控制命令仅与 DML 一起使用,如 INSERT、UPDATE 和 DELETE 等语句。而 CREATE TABLE、DROP TABLE 等 DDL 不能使用事务控制命令,因为这些操作会自动提交到数据库中。

---

1. 提交事务

COMMIT 命令用于提交事务,将上次执行 COMMIT 命令或 ROLLBACK 命令以来的所有事务保存到数据库。COMMIT 命令的语法格式如下。

```
COMMIT;
```

下面通过示例熟悉 COMMIT 命令。假设要删除 EMP 表中员工编号为 7369、7499 和7521 的数据,如图 6-7 所示。

	EMPNO	ENAME	JOB	MGR	HIREDATE	SAL	comm	DEPTNO
▸	7369	SMITH	CLERK	7902	1980-12-17	800	NULL	20
	7499	ALLEN	SALESMAN	7698	1981-2-20	1600	300	30
	7521	WARD	SALESMAN	7698	1981-2-22	1250	500	30
	7566	JONES	MANAGER	7839	1982-1-23	2975	NULL	20
	7654	MARTIN	SALESMAN	7698	1981-4-2	1250	1400	30
	7698	BLAKE	MANAGER	7839	1981-9-28	2850	NULL	30
	7782	CLARK	MANAGER	7839	1981-5-1	2450	NULL	10
	7788	SCOTT	ANALYST	7566	1981-6-9	3000	NULL	20
	7839	KING	PRESIDENT	NULL	1987-4-19	5000	NULL	10
	7844	TURNER	SALESMAN	7698	1981-11-17	1500	0	30
	7876	ADAMS	CLERK	7788	1981-9-8	1100	NULL	20
	7900	JAMES	CLERK	7698	1987-5-23	950	NULL	30
	7902	FORD	ANALYST	7566	1981-12-3	3000	NULL	20
	7934	MILLER	CLERK	7782	1981-12-3	1300	NULL	10
*	NULL	NULL	NULL	NULL	NULL	NULL	NULL	NULL

图 6-7　删除 EMP 表中的部分数据 1

提交事务代码如下。

```
-- 提交事务

DELETE FROM EMP WHERE EMPNO = 7369;
DELETE FROM EMP WHERE EMPNO = 7499;
DELETE FROM EMP WHERE EMPNO = 7521;

COMMIT;
```

上述代码执行后，员工编号为 7369、7499 和 7521 的数据被删除，如图 6-8 所示。

	EMPNO	ENAME	JOB	MGR	HIREDATE	SAL	comm	DEPTNO
▸	7566	JONES	MANAGER	7839	1982-1-23	2975	NULL	20
	7654	MARTIN	SALESMAN	7698	1981-4-2	1250	1400	30
	7698	BLAKE	MANAGER	7839	1981-9-28	2850	NULL	30
	7782	CLARK	MANAGER	7839	1981-5-1	2450	NULL	10
	7788	SCOTT	ANALYST	7566	1981-6-9	3000	NULL	20
	7839	KING	PRESIDENT	NULL	1987-4-19	5000	NULL	10
	7844	TURNER	SALESMAN	7698	1981-11-17	1500	0	30
	7876	ADAMS	CLERK	7788	1981-9-8	1100	NULL	20
	7900	JAMES	CLERK	7698	1987-5-23	950	NULL	30
	7902	FORD	ANALYST	7566	1981-12-3	3000	NULL	20
	7934	MILLER	CLERK	7782	1981-12-3	1300	NULL	10
*	NULL	NULL	NULL	NULL	NULL	NULL	NULL	NULL

图 6-8　数据被删除

2. 回滚事务

ROLLBACK 命令用于回滚事务，它用于撤销尚未保存到数据库的事务。ROLLBACK 命令的语法格式如下。

```
ROLLBACK;
```

使用 ROLLBACK 命令回滚事务，代码如下。

```
-- 回滚事务

DELETE FROM EMP WHERE EMPNO = 7369;
```

```
DELETE FROM EMP WHERE EMPNO = 7499;
DELETE FROM EMP WHERE EMPNO = 7521;

ROLLBACK;
```

上述代码执行后,会发现员工编号为 7369、7499 和 7521 的数据被恢复。

3. 设置事务保存点

通过 SAVEPOINT 命令设置事务中的一个点,可以将事务回滚到这个点,而不是回滚整个事务。SAVEPOINT 命令的语法格式如下。

```
SAVEPOINT SAVEPOINT_NAME;
```

其中,SAVEPOINT_NAME 为自定义事务保存点名称。

设置事务保存点,代码如下。

```
-- 设置事务保存点

-- 设置事务开始
START TRANSACTION;                          ①
DELETE FROM EMP WHERE EMPNO = 7369;

-- 设置事务保存点
SAVEPOINT sp1;                              ②
DELETE FROM EMP WHERE EMPNO = 7499;
DELETE FROM EMP WHERE EMPNO = 7521;

-- 将事务回滚到事务保存点 sp1
ROLLBACK TO SAVEPOINT sp1;                  ③
```

上述代码第①行设置事务开始,直到事务提交或回滚事务结束;代码第②行设置事务保存点;代码第③行回滚事务到事务保存点 sp1。执行代码,会发现员工编号为 7369 的数据被删除,而员工编号为 7499 和 7521 的数据未被删除,如图 6-9 所示。

EMPNO	ENAME	JOB	MGR	HIREDATE	SAL	comm	DEPTNO
7499	ALLEN	SALESMAN	7698	1981-2-20	1600	300	30
7521	WARD	SALESMAN	7698	1981-2-22	1250	500	30
7566	JONES	MANAGER	7839	1982-1-23	2975	NULL	20
7654	MARTIN	SALESMAN	7698	1981-4-2	1250	1400	30
7698	BLAKE	MANAGER	7839	1981-9-28	2850		30
7782	CLARK	MANAGER	7839	1981-5-1	2450	NULL	10
7788	SCOTT	ANALYST	7566	1981-6-9	3000	NULL	20
7839	KING	PRESIDENT	NULL	1987-4-19	5000	NULL	10
7844	TURNER	SALESMAN	7698	1981-11-17	1500	0	30
7876	ADAMS	CLERK	7788	1981-9-8	1100	NULL	20
7900	JAMES	CLERK	7698	1987-5-23	950		30
7902	FORD	ANALYST	7566	1981-12-3	3000	NULL	20
7934	MILLER	CLERK	7782	1981-12-3	1300	NULL	10
NULL	NULL	NULL	NULL	NULL	NULL	NULL	NULL

图 6-9 删除 EMP 表中的部分数据 2

6.5 动手练一练

1. 简答题

（1）请简述使用 INSERT 语句需要注意哪些事项。

（2）请简述使用 UPDATE 语句需要注意哪些事项。

（3）请简述使用 DELETE 语句需要注意哪些事项。

2. 选择题

下列哪些语句属于 DML 语句？（　　）

A. UPDATE　　　B. CREATE　　　C. INSERT　　　D. DELETE

3. 操作题

（1）请在 teacher 表中插入数据。

（2）请更新 teacher 表中年龄小于 30 岁的老师的工资信息。

（3）请删除 teacher 表中年龄小于 30 岁的老师信息。

第 7 章

查 询 数 据

DQL(Date Query Language,数据查询语言)是 SQL 中的查询语言。虽然 DQL 只包含 SELECT 语句,但它是 SQL 中应用最多,也是最复杂的语言之一。由于 DQL 比较复杂,所以从本章开始到第 9 章都介绍 DQL,本章先介绍 SELECT 语句。

7.1 SELECT 语句

微课视频

SELECT 语句用于从表中查询数据,返回的结果称为结果集(Result Set)。SELECT 语句的基本语法格式如下。

```
SELECT field1, field2, ...
FROM table_name;
```

其中,field1,field2,…为要查询的表中的字段清单;table_name 指定数据从哪个表中查询而来。

7.1.1　指定查询字段

SELECT 语句中的 field1，field2，…是指定要查询的字段，它们的顺序可以改变。下面通过示例熟悉 SELECT 语句的使用，该示例是从 DEPT 表中查询所有数据。示例代码如下。

```
-- 检索 DEPT 表中所有行
SELECT DEPTNO,DNAME FROM DEPT;
```

上述代码运行结果如图 7-1 所示，从 DEPT 表中查询出 DEPTNO 和 DNAME 两个字段，另外由于省略了 WHERE 子句，所以会从 DEPT 表中查询所有行。

DEPTNO	DNAME
10	ACCOUNTING
20	RESEARCH
30	SALES
40	OPERATIONS

图 7-1　指定字段顺序查询运行结果

7.1.2　指定字段顺序

如果不满意表中的字段顺序，则可以根据自己的喜好重新指定字段顺序，示例代码如下。

```
-- 指定字段顺序
SELECT DNAME,DEPTNO FROM DEPT;
```

上述代码运行结果如图 7-2 所示，可以看到先列出 DNAME 字段，然后列出 DEPTNO 字段。

7.1.3　选定所有字段

要选定某表中的所有字段，最原始的方法就是逐一列出表中的所有字段。SELECT 语句提供的简单办法是使用星号"＊"代替所有字段，示例代码如下。

```
-- 选定所有字段
SELECT ＊ FROM DEPT;                                    ①
-- SELECT DEPTNO,DNAME,LOC FROM DEPT;                   ②
```

代码第①行使用星号代替所有字段，即代替了代码第②行注释的 SQL 语句。上述代码执行结果如图 7-3 所示，可以看出这里列出了 DEPT 表的所有字段。

DNAME	DEPTNO
ACCOUNTING	10
RESEARCH	20
SALES	30
OPERATIONS	40

图 7-2　指定字段顺序查询运行结果

DEPTNO	DNAME	LOC
10	ACCOUNTING	NEW YORK
20	RESEARCH	DALLAS
30	SALES	CHICAGO
40	OPERATIONS	BOSTON
NULL	NULL	NULL

图 7-3　选定所有字段查询运行结果

提示　使用 SELECT ＊ 语句时将按照建表的字段顺序列出所有字段。

7.1.4 为字段指定别名

在字段列表中可以使用 AS 关键字为查询中的字段提供一个别名。指定别名的示例代码如下。

```
-- 为字段指定别名
SELECT DEPTNO AS "dept no",          ①
DNAME AS 部门名称,                     ②
LOC AS 所在地                          ③
FROM DEPT;
```

代码第②行和第③行为字段指定中文别名。注意,代码第①行指定的别名中间有空格,这时需要用英文半角双引号(")把名称包裹起来。

上述代码运行结果如图 7-4 所示。

dept no	部门名称	所在地
10	ACCOUNTING	NEW YORK
20	RESEARCH	DALLAS
30	SALES	CHICAGO
40	OPERATIONS	BOSTON

图 7-4 为字段指定别名运行结果

> **注意** 无论是字段名还是别名,都尽量不要采用中文命名,因为一些旧的数据库系统不支持,且不利于编写程序代码。

7.1.5 使用表达式

SQL 中还可以包含一些表达式,如在 SELECT 语句的输出字段中可包含表达式,并将计算的结果输出到结果集中。这些表达式可以包含数字、字段和字符串等。使用表达式的示例代码如下。

```
-- 使用表达式
SELECT
'Hello World!',                      ①
2 + 5,                               ②
ENAME
SAL
SAL * 2 AS "DOUBLE SALARY"           ③
FROM EMP;
```

上述代码是从 EMP 表查询数据,代码第①~③行都使用表达式。其中,代码第①行使用了字符串表达式;代码第②行使用了包含加法运算符的表达式;代码第③行使用了乘法运算符的表达式,还为表达式指定了别名。

上述代码运行后,将对表达式进行计算并输出结果,如图 7-5 所示。

Hello World!	2+5	SAL	DOUBLE SALARY
Hello World!	7	SMITH	1600
Hello World!	7	ALLEN	3200
Hello World!	7	WARD	2500
Hello World!	7	JONES	5950
Hello World!	7	MARTIN	2500
Hello World!	7	BLAKE	5700
Hello World!	7	CLARK	4900
Hello World!	7	SCOTT	6000
Hello World!	7	KING	10000
Hello World!	7	TURNER	3000
Hello World!	7	ADAMS	2200
Hello World!	7	JAMES	1900
Hello World!	7	FORD	6000
Hello World!	7	MILLER	2600

图 7-5 使用表达式运行结果

7.1.6 使用算术运算符

在 7.1.5 节的示例中使用了表达式,表达式中可以包含算术运算符,SQL 的算术运算符如表 7-1 所示。

表 7-1 SQL 的算术运算符

运 算 符	含 义	运 算 符	含 义
( )	括号	—	减
/	除	+	加
*	乘		

在 SQL 中,括号的优先级最高,其次是乘、除,再次是加、减。乘和除具有相同的优先级,加和减具有相同的优先级。因此,乘、除或加、减都可以用在同一表达式中,具有相同优先级的运算符按从左到右的顺序计算。

在 MySQL Workbench 工具中测试运算符,如图 7-6 所示。对于这种表达式运算的测试,可以不依赖任何表。

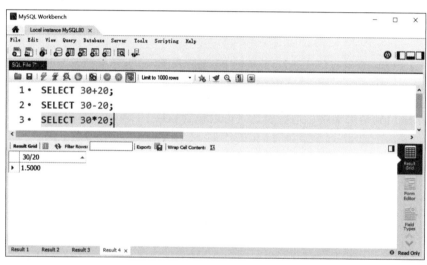

图 7-6　测试运算符运行结果

微课视频

7.2　查询结果排序——ORDER BY 子句

7.1 节介绍的是最基本的 SELECT 语句,不包含其他子句。下面介绍 SELECT 语句中用于对查询结果进行排序的子句——ORDER BY 子句。

默认情况下,从一个表中查询出的结果是按照它们最初被插入的顺序返回的。但是,有时可能需要对结果进行排序,此时可以使用 ORDER BY 子句。

使用 ORDER BY 子句的 SELECT 语句语法格式如下。

```
SELECT field1, field2, ...
FROM table_name;
ORDER BY field1 [ASC|DESC] , field2 [ASC|DESC], ... ;
```

其中,在 ORDER BY 子句之后设置排序的字段,在字段之后跟有 ASC 或 DESC 关键字,ASC 关键字表示该字段按照升序排列,DESC 关键字表示该字段按照降序排列。默认排序方式为 ASC。

> 💡提示　在描述 SQL 语法时用中括号"[ ]"包裹的内容可以省略,如[ASC|DESC]可以省略。竖线"|"表示"或"关系,如"ASC|DESC"表示 ASC 或 DESC。

查询结果排序的示例代码如下。

```
-- 查询结果排序
SELECT * FROM EMP
ORDER BY SAL ASC, comm DESC, ENAME;
```

上述代码从 EMP 表查询数据,并对结果进行排序。这里使用了 3 个字段进行排序,如图 7-7 所示,说明如下。

(1)第 1 排序 SAL ASC,指定按照 SAL 字段升序排列。

(2)第 2 排序 comm DESC,指定按照 comm 字段降序排列。

(3)第 3 排序 ENAME,指定按照 ENAME 字段升序排列。

上述代码执行结果如图 7-8 所示。首先按照 SAL 字段进行升序排列;如果有相等的数据(如 1250.0),则再按照 comm 字段进行降序排列;如果经过以上两次排序后还有相等的数据,则再按照 ENAME 字段进行升序排列。

EMPNO	ENAME	JOB	MGR	HIREDATE	SAL	comm	DEPTNO
7369	SMITH	CLERK	7902	1980-12-17	800	NULL	20
7900	JAMES	CLERK	7698	1987-5-23	950	NULL	30
7876	ADAMS	CLERK	7788	1981-9-8	1100	NULL	20
7654	MARTIN	SALESMAN	7698	1981-4-2	1250	1400	30
7521	WARD	SALESMAN	7698	1981-2-22	1250	500	30
7934	MILLER	CLERK	7782	1981-12-3	1300	NULL	10
7844	TURNER	SALESMAN	7698	1981-11-17	1500	0	30
7499	ALLEN	SALESMAN	7698	1981-2-20	1600	300	30
7782	CLARK	MANAGER	7839	1981-5-1	2450	NULL	10
7698	BLAKE	MANAGER	7839	1981-9-28	2850	NULL	30
7566	JONES	MANAGER	7839	1982-1-23	2975	NULL	20
7902	FORD	ANALYST	7566	1981-12-3	3000	NULL	20
7788	SCOTT	ANALYST	7566	1981-6-9	3000	NULL	20
7839	KING	PRESIDENT	NULL	1987-4-19	5000	NULL	10
NULL	NULL	NULL	NULL	NULL	NULL	NULL	NULL

```
SELECT  * FROM EMP
ORDER BY  SAL ASC,  comm DESC,  ENAME
          第1排序    第2排序    第3排序
```

图 7-7　使用 3 个字段进行排序

图 7-8　查询结果排序执行结果

7.3　筛选查询结果——WHERE 子句

WHERE 子句允许对查询结果进行筛选。如果希望从数据表中查询出所有行,则不需要使用 WHERE 子句。带有 WHERE 子句的 SELECT 语句语法格式如下。

微课视频

```
SELECT field1, field2, ...
FROM table_name
WHERE condition;
```

> **提示** WHERE 子句不仅可以与 SELECT 语句一起使用，还可以与 UPDATE 语句和 DELETE 语句一起使用，用来决定更新和删除哪些数据。

7.3.1 比较运算符

WHERE 子句中经常用到比较运算符（也称关系运算符），SQL 支持的比较运算符如表 7-2 所示。

表 7-2　SQL 支持的比较运算符

运　算　符	含　　义	运　算　符	含　　义
=	相等	<	小于
< >	不相等	> =	大于或等于
>	大于	< =	小于或等于

使用比较运算符的示例代码如下。

```
-- 比较运算符
SELECT ENAME, SAL FROM EMP WHERE SAL > = 1000
```

上述代码从 EMP 表中查询工资大于或等于 1000 元的员工数据，运行结果如图 7-9 所示。

> **提示** SQL 会将数字字符串（用单引号包裹起来的数字，如'1000'）转换为对应的数字，即 1000，然后再进行比较，所以如下代码运行结果也如图 7-9 所示。但是，尽量不要使用字符串表示的数字，因为此时数据库首先要将字符串转换为数字，会影响性能。

```
SELECT ENAME, SAL FROM EMP WHERE SAL > = '1000'
```

ENAME	SAL
▸ ALLEN	1600
WARD	1250
JONES	2975
MARTIN	1250
BLAKE	2850
CLARK	2450
SCOTT	3000
KING	5000
TURNER	1500
ADAMS	1100
FORD	3000
MILLER	1300

图 7-9　使用比较运算符示例运行结果

7.3.2　逻辑运算符

SQL 提供 3 个逻辑运算符，也称布尔运算符，如表 7-3 所示。

表 7-3　SQL 提供的逻辑运算符

运算符	含义	描述
AND	逻辑与	如果 AND 运算符左右两侧的表达式都判定为真，则整个表达式为真，反之为假
OR	逻辑或	如果 OR 运算符左侧或右侧的表达式为真，则整个表达式为真，反之为假
NOT	逻辑非	对某表达式的结果值进行取反

下面通过几个示例介绍逻辑运算符的使用。

1．逻辑与

逻辑与运算符示例代码如下。

```
-- 逻辑运算符
SELECT EMPNO, ENAME, SAL, JOB
FROM EMP
WHERE JOB = 'SALESMAN' AND SAL < 3000;
```

上述代码从 EMP 表查询职位为销售人员且工资小于 3000 元的员工数据。注意，字符串要包裹在单引号中。代码运行结果如图 7-10 所示。

2．逻辑或

逻辑或运算符示例代码如下。

```
-- 逻辑运算符
SELECT EMPNO, ENAME, SAL, JOB
FROM EMP
WHERE JOB = 'SALESMAN' OR SAL < 3000;
```

上述代码从 EMP 表中查询职位为销售人员或工资小于 3000 元的员工数据，代码运行结果如图 7-11 所示。

EMPNO	ENAME	SAL	JOB
▶ 7499	ALLEN	1600	SALESMAN
7521	WARD	1250	SALESMAN
7654	MARTIN	1250	SALESMAN
7844	TURNER	1500	SALESMAN

图 7-10　逻辑与运算符示例运行结果

EMPNO	ENAME	SAL	JOB
▶ 7369	SMITH	800	CLERK
7499	ALLEN	1600	SALESMAN
7521	WARD	1250	SALESMAN
7566	JONES	2975	MANAGER
7654	MARTIN	1250	SALESMAN
7698	BLAKE	2850	MANAGER
7782	CLARK	2450	MANAGER
7844	TURNER	1500	SALESMAN
7876	ADAMS	1100	CLERK
7900	JAMES	950	CLERK
7934	MILLER	1300	CLERK

图 7-11　逻辑或运算符示例运行结果

3．逻辑非

逻辑非运算符示例代码如下。

```
-- 逻辑运算符
SELECT EMPNO, ENAME, SAL, JOB
FROM EMP
WHERE NOT JOB = 'SALESMAN' AND SAL < 3000;
```

上述代码从 EMP 表中查询职位为非销售人员且工资小于 3000 元的员工数据，运行结果如图 7-12 所示。

7.3.3　IN 运算符

SQL 中还有另外一些运算符可以用来简化查询，如 IN 运算符可以代替多个 OR 运算符，用来检测字段值是否等于某组值中的一个。例如，查找职位是销售人员（SALESMAN）、职员（CLERK）或管理人员（MANAGER）的员工数据，通常会使用 OR 运算符，代码如下。

```
-- IN 运算符
-- 使用 OR
SELECT EMPNO, ENAME, SAL, JOB
FROM EMP
WHERE JOB = 'CLERK' OR JOB = 'MANAGER' OR JOB = 'SALESMAN';
```

上述代码的 WHERE 子句中使用了 OR 运算符，将希望查询的几种职位条件连接起来。本例中只有 3 种职位，如果有更多职位，其间都使用 OR 运算符连接，那么这样的 SQL 语句就会显得非常臃肿。这种情况可以使用 IN 运算符，代码如下。

```
-- 代码文件:chapter6/6.3/6.3.3 IN运算符.sql
-- IN 运算符
SELECT EMPNO, ENAME, SAL, JOB
FROM EMP
WHERE JOB IN ('CLERK','MANAGER','SALESMAN');
```

可以看出，使用 IN 运算符使代码变得简洁。上述代码运行结果如图 7-13 所示。

empno	ename	sal	job
7369	SMITH	800	CLERK
7566	JONES	2975	MANAGER
7698	BLAKE	2850	MANAGER
7782	CLARK	2450	MANAGER
7876	ADAMS	1100	CLERK
7900	JAMES	950	CLERK
7934	MILLER	1300	CLERK

图 7-12　逻辑非运算符示例运行结果

EMPNO	ENAME	SAL	JOB
7369	SMITH	800	CLERK
7499	ALLEN	1600	SALESMAN
7521	WARD	1250	SALESMAN
7566	JONES	2975	MANAGER
7654	MARTIN	1250	SALESMAN
7698	BLAKE	2850	MANAGER
7782	CLARK	2450	MANAGER
7844	TURNER	1500	SALESMAN
7876	ADAMS	1100	CLERK
7900	JAMES	950	CLERK
7934	MILLER	1300	CLERK

图 7-13　IN 运算符示例运行结果

7.3.4　BETWEEN 运算符

BETWEEN 运算符可以用来检测一个值是否在特定范围内（包括范围的上下限）。与

BETWEEN 相反的是 NOT BETWEEN。它们的语法格式如下。

```
SELECT select_list
FROM table_name
WHERE field [NOT] BETWEEN lower_value AND upper_value
```

其中,lower_value 为下限值,upper_value 为上限值。

BETWEEN 运算符示例代码如下。

```
-- BETWEEN 运算符

SELECT EMPNO, ENAME, SAL, JOB
FROM EMP
WHERE SAL BETWEEN 1500 AND 3000 ORDER BY SAL;
```

上述代码实现了从 EMP 表中查询工资为 1500～3000 元的员工数据,运行结果如图 7-14 所示,可见结果中包含了上限值 3000 元和下限值 1500 元。

将代码修改为使用 NOT BETWEEN 运算符。

```
SELECT EMPNO, ENAME, SAL, JOB
FROM EMP
WHERE SAL NOT BETWEEN 1500 AND 3000 ORDER BY SAL;
```

上述代码运行结果如图 7-15 所示。

EMPNO	ENAME	SAL	JOB
7844	TURNER	1500	SALESMAN
7499	ALLEN	1600	SALESMAN
7782	CLARK	2450	MANAGER
7698	BLAKE	2850	MANAGER
7566	JONES	2975	MANAGER
7788	SCOTT	3000	ANALYST
7902	FORD	3000	ANALYST

EMPNO	ENAME	SAL	JOB
7369	SMITH	800	CLERK
7900	JAMES	950	CLERK
7876	ADAMS	1100	CLERK
7521	WARD	1250	SALESMAN
7654	MARTIN	1250	SALESMAN
7934	MILLER	1300	CLERK
7839	KING	5000	PRESIDENT

图 7-14 BETWEEN 运算符示例运行结果　　图 7-15 NOT BETWEEN 运算符示例运行结果

7.3.5 LIKE 运算符

如果想查询名字为 M 开头的员工数据,那么如何实现呢? 这时可以使用 LIKE 运算符,LIKE 运算符可以用来匹配字符串的各部分。NOT LIKE 是 LIKE 的相反运算。它们的语法格式如下。

```
SELECT select_list
FROM table_name
WHERE field [NOT] LIKE 'pattern'
```

其中,pattern 为匹配模式表达式,可以包含以下两种通配符。

(1) 百分号 (%):代表 0 个、1 个或多个任意字符;

(2) 下画线 (_):代表任意单个字符。

查找名字为 M 开头的员工数据的代码如下。

```
-- 使用 LIKE 运算符
-- 名字以 M 开头
SELECT EMPNO, ENAME, SAL, JOB
FROM EMP
WHERE ENAME LIKE 'M%';
```

上述代码运行结果如图 7-16 所示。

通配符可以放在任意位置，如查询名字以 ER 结尾的员工数据，代码如下。

```
-- 使用 LIKE 运算符
-- 名字以 ER 结尾
SELECT EMPNO, ENAME, SAL, JOB
FROM EMP
WHERE ENAME LIKE '%ER';
```

上述代码运行结果如图 7-17 所示。

EMPNO	ENAME	SAL	JOB
▸ 7654	MARTIN	1250	SALESMAN
7934	MILLER	1300	CLERK

图 7-16　LIKE 运算符示例运行结果 1

EMPNO	ENAME	SAL	JOB
▸ 7844	TURNER	1500	SALESMAN
7934	MILLER	1300	CLERK

图 7-17　LIKE 运算符示例运行结果 2

下面再看一个示例，如果想查询名字以 J 开头，以 ES 结尾，中间有两个任意字符的员工数据，则代码如下。

```
-- 使用 LIKE 运算符
SELECT * FROM EMP
WHERE ENAME LIKE 'J__ES';
```

在 LIKE 运算符的匹配模式中使用两个下画线(__)，表示匹配两个任意字符，代码运行结果如图 7-18 所示。

EMPNO	ENAME	JOB	MGR	HIREDATE	SAL	comm	DEPTNO
▸ 7566	JONES	MANAGER	7839	1982-1-23	2975	NULL	20
7900	JAMES	CLERK	7698	1987-5-23	950	NULL	30
• NULL	NULL	NULL	NULL	NULL	NULL	NULL	NULL

图 7-18　LIKE 运算符示例运行结果 3

7.3.6　运算符优先级

在 WHERE 子句中，不同运算符优先级是不同的。如表 7-4 所示，从上到下各类运算符的优先级从高到低排列。

表 7-4　运算符优先级

优　先　级	运　算　符	优　先　级	运　算　符
1	括号	3	比较运算符
2	算术运算符	4	逻辑运算符

可以看到,括号运算符优先级最高,其次是算术运算符,再次是比较运算符,最后是逻辑运算符。

运行以下示例代码。

```
-- 运算符优先级
SELECT EMPNO, ENAME, SAL, JOB
FROM EMP
WHERE NOT (JOB = 'SALESMAN' AND SAL < 3000);
```

上述代码从 EMP 表中查找工作为销售人员且工资小于 3000 元的员工数据以外的数据,运行结果如图 7-19 所示。表达式(JOB = 'SALESMAN' AND SAL < 3000)优先级是最高的,即工作是销售人员,而且工资小于 3000 元。

EMPNO	ENAME	SAL	JOB
7369	SMITH	800	CLERK
7566	JONES	2975	MANAGER
7698	BLAKE	2850	MANAGER
7782	CLARK	2450	MANAGER
7788	SCOTT	3000	ANALYST
7839	KING	5000	PRESIDENT
7876	ADAMS	1100	CLERK
7900	JAMES	950	CLERK
7902	FORD	3000	ANALYST
7934	MILLER	1300	CLERK

图 7-19 示例代码运行结果

7.4 动手练一练

1. 选择题

SELECT 语句可以带有以下哪些子语句?(   )

A. ORDER BY   B. WHERE   C. GROUP BY   D. HAVING

2. 操作题

(1)请查询 teacher 表的年龄和工资字段数据。

(2)请查询 teacher 表数据,增加查询条件是年龄小于 30 岁。

(3)请查询 teacher 表数据,增加查询条件是年龄小于 30 岁且工资大于 5000 元。

(4)请查询 teacher 表数据,按照工资进行降序排列。

第8章

汇总查询结果

第 7 章介绍了基本 SELECT 语句,本章将介绍汇总查询结果。

8.1 聚合函数

微课视频

在使用聚合函数时,通常只对一个字段进行聚合操作,并返回一行数据。聚合函数有 COUNT、SUM、AVG、MIN 和 MAX。聚合函数的语法格式如下。

```
SELECT function(field)
FROM table_name;
[WHERE condition];
```

8.1.1 COUNT 函数

COUNT 函数用于计算查询返回的符合条件的数据行数。注意,COUNT 函数不统计空值。COUNT 函数可以有 3 种形式。

(1) COUNT(field_name):指定某个字段,注意空值不计数;

(2) COUNT(*):其中 * 表示指定所有字段;

（3）COUNT(1)：等同于 COUNT(*)。

查询 EMP 表中的数据，如图 8-1 所示，表中有 14 条数据。

EMPNO	ENAME	JOB	MGR	HIREDATE	SAL	comm	DEPTNO
7369	SMITH	CLERK	7902	1980-12-17	800	NULL	20
7499	ALLEN	SALESMAN	7698	1981-2-20	1600	300	30
7521	WARD	SALESMAN	7698	1981-2-22	1250	500	30
7566	JONES	MANAGER	7839	1982-1-23	2975	NULL	20
7654	MARTIN	SALESMAN	7698	1981-4-2	1250	1400	30
7698	BLAKE	MANAGER	7839	1981-9-28	2850	NULL	30
7782	CLARK	MANAGER	7839	1981-5-1	2450	NULL	10
7788	SCOTT	ANALYST	7566	1981-6-9	3000	NULL	20
7839	KING	PRESIDENT	NULL	1987-4-19	5000	NULL	10
7844	TURNER	SALESMAN	7698	1981-11-17	1500	0	30
7876	ADAMS	CLERK	7788	1981-9-8	1100	NULL	20
7900	JAMES	CLERK	7698	1987-5-23	950	NULL	30
7902	FORD	ANALYST	7566	1981-12-3	3000	NULL	20
7934	MILLER	CLERK	7782	1981-12-3	1300	NULL	10
NULL	NULL	NULL	NULL	NULL	NULL	NULL	NULL

图 8-1　查询 EMP 表中的数据

使用 COUNT 函数访问 EMP 表的示例代码如下。

```
-- 使用 COUNT 函数
SELECT COUNT( * ) FROM EMP;              ①
SELECT COUNT(EMPNO) FROM EMP;            ②
SELECT COUNT(comm) FROM EMP;             ③
SELECT COUNT(1) FROM EMP;                ④
```

代码第①、②、④行输出结果都为 14，如图 8-2 所示；代码第③行输出结果为 4，如图 8-3 所示，说明空值数据没有被计数。

	COUNT(*)
▶	14

	COUNT(comm)
▶	4

图 8-2　COUNT(*)查询结果　　　图 8-3　COUNT(comm)查询结果

8.1.2　SUM 函数

SUM 函数可用于对数字类型字段进行求和，空值不参与累加。使用 SUM 函数示例代码如下。

```
-- 使用 SUM 函数
SELECT SUM(comm) FROM EMP;                        ①
SELECT SUM(comm) FROM EMP WHERE comm is NULL;     ②
SELECT SUM(ENAME) FROM EMP;                       ③
```

代码第①行和第②行都是对 comm 字段进行求和。其中，代码第①行运行结果如图 8-4 所示；代码第②行添加了 WHERE 子句，筛选出空值数据，空值数据是不参与累加的，所以运行结果如图 8-5 所示，没有输出结果；代码第③行试图对非数值字段 ENAME 进行求和，结果为 0，如图 8-6 所示。

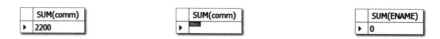

图 8-4 SUM(comm)查询结果　　图 8-5 空值数据不参与累加　　图 8-6 对非数值字段 ENAME 进行求和

8.1.3　AVG 函数

AVG 函数用于计算数字类型字段的平均值，空值不参与计算。使用 AVG 函数示例代码如下。

```
-- 使用 AVG 函数
-- 返回 550.0
SELECT AVG(comm) FROM EMP;                               ①

-- 计数值返回 4
SELECT COUNT(comm) FROM EMP;
-- 求和值返回 2200.0
SELECT SUM(comm) FROM EMP;
```

代码第①行对 comm 字段求平均值，运行结果如图 8-7 所示，返 　图 8-7　对 comm 字段
回值为 550.0，空值数据不参与计算。　　　　　　　　　　　　　　　　　　求平均值

8.1.4　MIN 函数和 MAX 函数

MIN 函数用于确定一组值中的最小值，MAX 函数用于确定一组值中的最大值，这两个函数都不能返回空值，因为空值不能与任何值进行比较。MIN 函数和 MAX 函数示例代码如下。

```
-- MIN 函数和 MAX 函数
-- 计算最小值
SELECT MIN(SAL) FROM EMP;                                ①
-- 计算最大值
SELECT MAX(SAL) FROM EMP;                                ②
-- 测试空值
SELECT MAX(comm) FROM EMP WHERE comm is NULL;            ③
```

代码第①行对 SAL 字段求最小值，即获得工资最低的员工信息，运行结果如图 8-8 所示；代码第②行对 SAL 字段求最大值，即获得工资最高的员工信息，运行结果如图 8-9 所示；代码第③行运行结果如图 8-10 所示，没有返回任何数据。

图 8-8　使用 MIN(SAL)函数　　图 8-9　使用 MAX(SAL)函数　　图 8-10　使用 MAX(comm)函数

8.2　分类汇总

在数据处理中经常会涉及对数据的分类汇总，在 SQL 中分类就是分组，通过 GROUP BY 子句实现；而汇总就是聚合操作，通过聚合函数实现。

8.2.1　分组查询——GROUP BY 子句

分组查询使用 GROUP BY 子句，语法格式如下。

```
SELECT field1, field2, ...
FROM table_name
GROUP BY field1 , field2 , ... ;
```

使用 GROUP BY 子句对 EMP 表进行分组，示例代码如下。

```
-- GROUP BY 子句
SELECT DEPTNO FROM EMP GROUP BY DEPTNO;              ①
SELECT JOB FROM EMP GROUP BY JOB;                    ②
SELECT JOB,DEPTNO FROM EMP GROUP BY JOB,DEPTNO;      ③
```

代码第①行对 EMP 表按照部门编号（DEPTNO）进行分组查询，结果如图 8-11 所示；代码第②行对 EMP 表按照职位（JOB）进行分组查询，结果如图 8-12 所示；代码第③行对 EMP 表按照职位和部门编号进行分组查询，结果如图 8-13 所示。

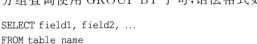

DEPTNO
10
20
30

图 8-11　对 EMP 表按照部门编号进行分组查询

JOB
CLERK
SALESMAN
MANAGER
ANALYST
PRESIDENT

图 8-12　对 EMP 表按照职位进行分组查询

JOB	DEPTNO
CLERK	20
SALESMAN	30
MANAGER	20
MANAGER	30
MANAGER	10
ANALYST	20
PRESIDENT	10
CLERK	30
CLERK	10

图 8-13　对 EMP 表按照职位和部门编号进行分组查询

单纯的分组没有实际意义，分组通常会与集合函数一起使用，这些处理在数据分析中经常使用，这就是数据分析中的分类汇总。假设想查看部门平均工资等数据，则可通过分类汇总实现，代码如下。

```
-- 统计部门的平均工资
SELECT DEPTNO, AVG(SAL) FROM EMP GROUP BY DEPTNO;                    ①

-- 统计部门工资总和
SELECT DEPTNO, SUM(SAL) FROM EMP GROUP BY DEPTNO;

-- 统计部门最高工资
SELECT DEPTNO, MAX(SAL) FROM EMP GROUP BY DEPTNO;

-- 统计部门最低工资
SELECT DEPTNO, MIN(SAL) FROM EMP GROUP BY DEPTNO;
```

代码第①行统计部门平均工资，该语句查询结果如图 8-14 所示。

多个聚合函数都可以在 SELECT 字段列表中，示例代码如下。

DEPTNO	AVG(SAL)
▶ 10	2916.6666666666665
20	2175
30	1566.6666666666667

图 8-14 分类汇总结果 1

```
SELECT DEPTNO, AVG(SAL), SUM(SAL),MAX(SAL),MIN(SAL)
FROM EMP
GROUP BY DEPTNO;
```

在上述 SELECT 语句中，分组统计部门平均工资、部门工资总和、部门最高工资和部门最低工资，该语句运行结果如图 8-15 所示。

DEOTNO	AVG(SAL)	SUM(SAL)	MAX(SAL)	MIN(SAL)
▶ 10	2916.6666666666665	8750	5000	1300
20	2175	10875	3000	800
30	1566.6666666666667	9400	2850	950

图 8-15 分类汇总结果 2

如果觉得这样分类汇总结果不易懂，还可以给各汇总字段提供一个别名，示例代码如下。

```
SELECT DEPTNO, AVG(SAL), SUM(SAL),MAX(SAL),MIN(SAL)
FROM EMP
GROUP BY DEPTNO;


SELECT DEPTNO,
AVG(SAL) AS 部门平均工资,
SUM(SAL) AS 部门工资总和,
MAX(SAL) AS 部门最高工资,
MIN(SAL) AS 部门最低工资
FROM EMP
GROUP BY DEPTNO;
```

上述代码分别为各汇总字段提供了中文别名,运行上述 SQL 代码,查询结果如图 8-16 所示。

DEPTNO	部门平均工资	部门工资总和	部门最高工资	部门最低工资
10	2916.6666666666665	8750	5000	1300
20	2175	10875	3000	800
30	1566.6666666666667	9400	2850	950

图 8-16 为各汇总字段提供中文别名

微课视频

8.2.2 使用 HAVING 子句筛选查询结果

当使用 GROUP BY 子句时,还可以使用 HAVING 子句对分组结果进行筛选。HAVING 子句语法格式如下。

```
SELECT field1, field2, ...
FROM table_name
WHERE condition
GROUP BY field1, field2, ...
[HAVING condition];
```

在上述语法格式中,HAVING 子句是分组过滤条件。

📌注意 WHERE 子句和 HAVING 子句的区别:WHERE 子句是先筛选再分组,而 HAVING 子句则是对组进行筛选。

假设希望查找平均工资高于 2000 元的所有部门信息,则可使用 HAVING 子句实现,代码如下。

```
-- HAVING 子句
SELECT DEPTNO,AVG(SAL)
FROM EMP
GROUP BY DEPTNO
HAVING AVG(SAL) > 2000;                          ①
```

代码第①行使用 HAVING 子句筛选分组,结果如图 8-17 所示,返回两组数据;使用 WHERE 子句则是先筛选再分组。

📌注意 HAVING 子句应该用在 GROUP BY 子句之后。

对于分组结果,还可以使用 ORDER BY 子句排序,示例代码如下。

```
SELECT DEPTNO,AVG(SAL)
FROM EMP
GROUP BY DEPTNO
HAVING AVG(SAL) > 2000
ORDER BY AVG(SAL) DESC;                           ①
```

代码第①行通过 ORDER BY 子句对分组结果进行排序,实现了按照平均工资降序排列。分组排序结果如图 8-18 所示。

> ◎注意 ORDER BY 子句和 GROUP BY 子句同时存在时,ORDER BY 子句应该放在最后。

DEPTNO	AVG(SAL)
▶ 10	2916.6666666666665
20	2175

图 8-17 使用 HAVING 子句筛选分组

DEPTNO	AVG(SAL)
▶ 10	2916.6666666666665
20	2175

图 8-18 按照平均工资降序排列

微课视频

8.2.3 使用 DISTINCT 运算符去除重复数据

在对数据进行统计分析时,经常会遇到数据重复的情况,此时可以在 SELECT 语句中使用 DISTINCT 运算符去除重复数据。DISTINCT 运算符语法格式如下。

```
SELECT [DISTINCT] field1, field2, …
FROM table_name;
```

从语法格式可见,DISTINCT 运算符在 SELECT 语句之后。DISTINCT 运算符用于指定去除重复数据的字段。上述语句如果省略 DISTINCT 运算符,则为普通的 SELECT 语句。

下面通过示例熟悉 DISTINCT 运算符的使用。

如果想知道 EMP 表中有多少个不同的职位,则可使用普通的 SELECT 语句,代码如下。

```
SELECT JOB FROM EMP;
```

查询结果如图 8-19 所示,可见 14 条数据中有很多重复数据。

使用 DISTINCT 运算符去除重复数据,代码如下。

```
-- 使用 DISTINCT 运算符
SELECT DISTINCT JOB
FROM EMP;
```

JOB
▶ CLERK
SALESMAN
SALESMAN
MANAGER
SALESMAN
MANAGER
MANAGER
ANALYST
PRESIDENT
SALESMAN
CLERK
CLERK
ANALYST
CLERK

图 8-19 查询结果

上述代码通过 DISTINCT 运算符指定去除重复数据的字段 JOB(职位),查询结果如图 8-20 所示,可见 EMP 表中有 5 种不同的职位。

上述示例只是指定一个字段去除重复数据,以获取唯一数据。事实上,DISTINCT 运算符后面可以指定多个字段,这种情况下,只有所有指定字段的数据都相同,才会被认为是重复的数据,示例代码如下。

```
-- 指定多个字段去除重复
SELECT DISTINCT SAL,JOB
FROM EMP;
```

上述代码选择 SAL 字段和 JOB 字段都不重复的数据,查询结果如图 8-21 所示。

SAL	JOB
800	CLERK
1600	SALESMAN
1250	SALESMAN
2975	MANAGER
2850	MANAGER
2450	MANAGER
3000	ANALYST
5000	PRESIDENT
1500	SALESMAN
1100	CLERK
950	CLERK
1300	CLERK

图 8-20　通过 DISTINCT 运算符指定　　图 8-21　选择 SAL 字段和 JOB 字段
去除重复数据的字段 JOB　　　　　　都不重复的数据

🎯**注意**　　DISTINCT 运算符和 GROUP BY 子句有时具有相同的效果,例如下面两条 SQL 语句都实现了查询不同职位数据的功能。那么它们有什么区别呢? 它们的设计目的不同,DISTINCT 运算符是为了实现去除重复数据;ORDER BY 子句则是为了实现数据分类汇总。所以,如果只是去除重复数据,推荐使用 DISTINCT 运算符;如果为了分类汇总,则推荐使用 ORDER BY 子句。

```
-- 通过 DISTINCT 运算符获得不同职位的数据
SELECT DISTINCT JOB
FROM EMP;

-- 通过 GROUP BY 子句获得不同职位的数据
SELECT JOB
FROM EMP GROUP BY JOB;
```

8.3　动手练一练

1. 选择题

(1) 能够聚集结果的函数有哪些?(　　　)

A. COUNT　　　　B. SUM　　　　　C. AVG　　　　　D. MIN

E. MAX

(2) SELECT 语句中可以进行分组的子句有哪些?(　　　)

A. ORDER BY　　B. DISTINCT　　C. GROUP BY　　D. HAVING

2. 简答题

(1) 简述 HAVING 子句和 GROUP BY 子句的区别。

(2) 简述 DISTINCT 运算符和 GROUP BY 子句的区别。

3. 判断题

（1）COUNT(1)语句等同于 COUNT(*)语句。 （ ）

（2）SUM、COUNT、AVG 等函数可以对数字类型字段进行计算，空值不参与计算。

（ ）

（3）ORDER BY 子句和 GROUP BY 子句同时存在时，ORDER BY 子句应该放在最后。 （ ）

第 9 章

子 查 询

在使用 SQL 语句查询时,有时一条 SQL 语句会依赖于另一条 SQL 语句的查询结果。这种情况下,可以将另外一条 SQL 语句嵌套到当前 SQL 语句中,这就是子查询(Sub Query)。

9.1 子查询的概念

子查询也称内部查询或嵌套查询,子查询所在的外部查询称为外查询或父查询。子查询通常添加在 SELECT 语句的 WHERE 子句中,也可以添加在 UPDATE 语句或 DELETE 语句的 WHERE 子句中,或嵌套在另一个子查询中。

9.1.1 从一个案例引出的思考

适用子查询的场景是一个查询依赖于另一个查询的结果。假设有这样的需求:找出销售部所有员工的信息。从图 4-2 所示的 SCOTT 用户 ER 图中可见 EMP 表中只有"所在部门"字段,它只保存了 DEPTNO(部门编号)字段,而 DNAME(部门名称)字段是保存在 DEPT 表中的。实现这个需求,一般通过两个步骤完成。

（1）首先在 DEPT 表中查询销售部（SALES）的部门编号，代码如下。

```
SELECT DEPTNO FROM DEPT WHERE DNAME = 'SALES';
```

这条 SQL 语句的运行结果如图 9-1 所示，返回部门编号为 30。

（2）从 EMP 表中按照 DEPTNO（部门编号）等于 30
作为条件查询员工信息，代码如下。

```
SELECT * FROM EMP WHERE DEPTNO = 30;
```

图 9-1　查询销售部的 DEPTNO

执行这条 SQL 语句就可以返回员工信息，具体结果这里不再赘述。

9.1.2　使用子查询解决问题

9.1.1节通过两个步骤实现员工信息查询过于烦琐。事实上，使用一条 SQL 语句就可以解决这个问题，技术手段有子查询、表连接和存储过程。

本章重点介绍子查询，示例代码如下。

```
SELECT *
FROM EMP
WHERE DEPTNO = (          ①
    SELECT DEPTNO         ②
    FROM DEPT
    WHERE DNAME = 'SALES'  ③
);
```

代码第①行使用＝运算符将 DEPTNO 与子查询结果进行比较，括号中是一个子查询；代码第②行和第③行从 DEPT 表中通过部门名称查询部门编号，然后将查询结果作为输入条件在 EMP 表中进行查询。

> 🎯注意　子查询应该用一对小括号括起来。

微课视频

9.2　单行子查询

根据返回值的多少，子查询可以分为以下两种。

（1）单行子查询：子查询返回 0 条或 1 条数据。

（2）多行子查询：子查询返回 0 条或多条数据。

本节先介绍单行子查询。单行子查询经常使用的运算符有＝、<、>、>＝和<＝等，9.1.2节示例就是单行子查询，它使用＝运算符。

下面通过几个示例熟悉如何使用单行子查询。

9.2.1　示例：查找所有工资超过平均工资水平的员工信息

实现查找所有工资超过平均工资水平的员工信息，使用子查询的实现步骤是在子查询中使用 AVG 函数获得 SAL(工资)平均值,然后将该平均值作为输入条件进行查询。示例代码如下。

```
SELECT *
FROM EMP
WHERE SAL > (                          ①
    SELECT AVG(SAL)                    ②
    FROM EMP
);
```

代码第②行的子查询使用聚合函数 AVG 计算工资平均值,代码第①行使用>运算符比较子查询,查询结果如图 9-2 所示。

EMPNO	ENAME	JOB	MGR	HIREDATE	SAL	comm	DEPTNO
7566	JONES	MANAGER	7839	1982-1-23	2975	NULL	20
7698	BLAKE	MANAGER	7839	1981-9-28	2850	NULL	30
7782	CLARK	MANAGER	7839	1981-5-1	2450	NULL	10
7788	SCOTT	ANALYST	7566	1981-6-9	3000	NULL	20
7839	KING	PRESIDENT	NULL	1987-4-19	5000	NULL	10
7902	FORD	ANALYST	7566	1981-12-3	3000	NULL	20
NULL	NULL	NULL	NULL	NULL	NULL	NULL	NULL

图 9-2 使用>运算符比较子查询

9.2.2 示例:查找工资最高的员工信息

查找工资最高的员工信息,使用子查询的实现步骤是在子查询中使用 MAX 函数获得最高工资,然后将最高工资作为输入条件进行查询。示例代码如下。

```
-- 工资最高的员工信息
SELECT *
FROM EMP
WHERE SAL = (                          ①
    SELECT MAX(SAL)                    ②
    FROM EMP
);
```

代码第②行的子查询使用聚合函数 MAX 计算 SAL(工资)最大值,代码第①行使用=运算符比较子查询,查询结果如图 9-3 所示,工资最高的员工是 KING。

EMPNO	ENAME	JOB	MGR	HIREDATE	SAL	comm	DEPTNO
7839	KING	PRESIDENT	NULL	1987-4-19	5000	NULL	10
NULL	NULL	NULL	NULL	NULL	NULL	NULL	NULL

图 9-3 使用=运算符比较子查询

9.2.3 示例:查找与 SMITH 职位相同的员工信息

使用子查询查找与 SMITH 职位相同的员工信息,示例代码如下。

```
-- 查找与 SMITH 职位相同的员工信息
```

```
SELECT *
FROM EMP
WHERE JOB = (                              ①
    SELECT JOB                             ②
    FROM EMP
    WHERE ENAME = 'SMITH'                  ③
);
```

代码第②行和第③行是查找与 SMITH 职位相同的员工信息的子查询，代码第①行使用＝运算符比较子查询，查询结果如图 9-4 所示。

EMPNO	ENAME	JOB	MGR	HIREDATE	SAL	comm	DEPTNO
7369	SMITH	CLERK	7902	1980-12-17	800	NULL	20
7876	ADAMS	CLERK	7788	1981-9-8	1100	NULL	20
7900	JAMES	CLERK	7698	1987-5-23	950	NULL	30
7934	MILLER	CLERK	7782	1981-12-3	1300	NULL	10
NULL	NULL	NULL	NULL	NULL	NULL	NULL	NULL

图 9-4　使用＝运算符比较子查询

9.2.4　示例：查找谁的工资超过了工资最高的销售人员

查找谁的工资超过了工资最高的销售人员，示例代码如下。

```
-- 谁的工资超过了工资最高的销售人员
SELECT *
FROM EMP
WHERE SAL > (
    SELECT MAX(SAL)                        ①
    FROM EMP
    WHERE JOB = 'SALESMAN'                 ②
);
```

代码第①行和第②行是查询工资最高的销售人员信息的子查询，上述代码执行结果如图 9-5 所示。

EMPNO	ENAME	JOB	MGR	HIREDATE	SAL	comm	DEPTNO
7566	JONES	MANAGER	7839	1982-1-23	2975	NULL	20
7698	BLAKE	MANAGER	7839	1981-9-28	2850	NULL	30
7782	CLARK	MANAGER	7839	1981-5-1	2450	NULL	10
7788	SCOTT	ANALYST	7566	1981-6-9	3000	NULL	20
7839	KING	PRESIDENT	NULL	1987-4-19	5000	NULL	10
7902	FORD	ANALYST	7566	1981-12-3	3000	NULL	20
NULL	NULL	NULL	NULL	NULL	NULL	NULL	NULL

图 9-5　查询工资最高销售人员的子查询

9.2.5　示例：查找职位与 CLARK 相同，且工资超过 CLARK 的员工信息

查找职位与 CLARK 相同，且工资超过 CLARK 的员工信息，示例代码如下。

```
-- 职位与 CLARK 相同,且工资超过 CLARK 的员工信息
SELECT *
FROM EMP
WHERE JOB = (
        SELECT JOB
        FROM EMP                            ①
        WHERE ENAME = 'CLARK'               ②
    )
    AND SAL > (
        SELECT SAL                          ③
        FROM EMP
        WHERE ENAME = 'CLARK'               ④
    );
```

上述代码使用了两个子查询,代码第①行和第②行是查询员工 CLARK 职位的子查询;代码第③行和第④行是查询员工 CLARK 工资的子查询。上述代码执行结果如图 9-6所示。

EMPNO	ENAME	JOB	MGR	HIREDATE	SAL	comm	DEPTNO
▸ 7566	JONES	MANAGER	7839	1982-1-23	2975	NULL	20
7698	BLAKE	MANAGER	7839	1981-9-28	2850	NULL	30
NULL	NULL	NULL	NULL	NULL	NULL	NULL	NULL

图 9-6　查询职位与 CLARK 相同且工资超过 CLARK 的子查询

9.2.6　示例：查找资格最老的员工信息

资格最老的员工也就是入职最早的员工。EMP 表的 HIREDATE 字段是员工的入职时间（HIREDATE）,只需要在子查询中查找最小的 HIREDATE 数据,然后将该数据作为父查询条件查询员工信息,示例代码如下。

```
-- 资格最老的员工信息
SELECT *
FROM EMP
WHERE HIREDATE = (
    SELECT MIN(HIREDATE)                    ①
    FROM EMP                                ②
);
```

代码第①行和第②行是查询最早入职时间的子查询,上述代码执行结果如图 9-7 所示。

EMPNO	ENAME	JOB	MGR	HIREDATE	SAL	comm	DEPTNO
▸ 7369	SMITH	CLERK	7902	1980-12-17	800	NULL	20
▪ NULL	NULL	NULL	NULL	NULL	NULL	NULL	NULL

图 9-7　查询最早入职时间员工的子查询

9.2.7　示例：查找 EMP 表中第 2 高的工资

查找 EMP 表中第 2 高的工资,实现步骤如下。

（1）子查询，实现从 EMP 表中查询最大的工资数据，假设为 A。

（2）父查询，实现从 EMP 表中查询工资小于 A 的最高工资数据，假设为 B，B 就是要查询的第 2 高的工资。

示例代码如下。

```
-- 查找 EMP 表中第 2 高的工资
SELECT MAX(SAL)
FROM EMP
WHERE SAL < (
    SELECT MAX(SAL)          ①
    FROM EMP                 ②
);
```

MAX(SAL)
▸ 3000

代码第①行和第②行是查询最大的工资数据的子查询。上述代码执行结果如图 9-8 所示，可见第 2 高的工资为 3000。

图 9-8　查询第 2 高工资数据的子查询

微课视频

9.3　多行子查询

9.2 节介绍了单行子查询，本节介绍多行子查询。多行子查询通常使用的运算符有 IN、NOT IN、EXISTS 和 NOT EXISTS 等，这些运算符都用于比较一个集合。

下面通过几个示例熟悉如何使用多行子查询。

9.3.1　示例：查找销售部的所有员工信息

查找销售部的所有员工信息，使用多行子查询实现步骤如下。

（1）子查询，实现从 DEPT 表中按照条件 DNAME= 'SALES'查找部门编号（DEPTNO），集合为 A。

（2）父查询，实现从 EMP 表中查找部门编号（DEPTNO）在集合 A 中的员工信息。

示例代码如下。

```
-- 查找销售部所有员工信息
SELECT *
FROM EMP
WHERE DEPTNO IN(               ①
    SELECT DEPTNO             ②
    FROM DEPT
    WHERE DNAME = 'SALES'     ③
);
```

代码第②行和第③行是步骤（1）所描述的子查询，用于查找部门名称为销售部（SALES）的部门编号；代码第①行使用 IN 运算符比较子查询。上述代码查询结果如图 9-9 所示。

EMPNO	ENAME	JOB	MGR	HIREDATE	SAL	comm	DEPTNO
▶ 7499	ALLEN	SALESMAN	7698	1981-2-20	1600	300	30
7521	WARD	SALESMAN	7698	1981-2-22	1250	500	30
7654	MARTIN	SALESMAN	7698	1981-4-2	1250	1400	30
7698	BLAKE	MANAGER	7839	1981-9-28	2850	NULL	30
7844	TURNER	SALESMAN	7698	1981-11-17	1500	0	30
7900	JAMES	CLERK	7698	1987-5-23	950	NULL	30
NULL	NULL	NULL	NULL	NULL	NULL	NULL	NULL

图 9-9　使用 IN 运算符比较子查询

9.3.2　示例：查找与 SMITH 或 CLARK 职位不同的所有员工信息

实现查找与 SMITH 或 CLARK 职位不同的所有员工信息，使用多行子查询实现步骤如下。

（1）子查询，实现从 EMP 表中查找 SMITH 或 CLARK 的职位信息，集合为 A。

（2）父查询，实现从 EMP 表中查找职位不在集合 A 中所有员工信息。

示例代码如下。

```
-- 查找与 SMITH 或 CLARK 职位不同的所有员工信息
SELECT *
FROM EMP
WHERE JOB NOT IN (                    ①
    SELECT JOB                        ②
    FROM EMP
    WHERE ENAME = 'SMITH'             ③
        OR ENAME = 'CLARK'
);
```

代码第②行和第③行是上述步骤（1）描述的子查询，注意它的查询条件使用了 OR 运算符，代码第①行使用 NOT IN 运算符比较子查询。上述代码执行结果如图 9-10 所示。

EMPNO	ENAME	JOB	MGR	HIREDATE	SAL	comm	DEPTNO
▶ 7499	ALLEN	SALESMAN	7698	1981-2-20	1600	300	30
7521	WARD	SALESMAN	7698	1981-2-22	1250	500	30
7654	MARTIN	SALESMAN	7698	1981-4-2	1250	1400	30
7788	SCOTT	ANALYST	7566	1981-6-9	3000	NULL	20
7839	KING	PRESIDENT	NULL	1987-4-19	5000	NULL	10
7844	TURNER	SALESMAN	7698	1981-11-17	1500	0	30
7902	FORD	ANALYST	7566	1981-12-3	NULL	NULL	20
NULL	NULL	NULL	NULL	NULL	NULL	NULL	NULL

图 9-10　使用 NOT IN 运算符比较子查询

9.4　嵌套子查询

微课视频

正如子查询可以嵌套在标准查询中一样，它也可以嵌套在另一个子查询中。对于嵌套的层次，唯一的限制就是性能。随着子查询嵌套层数的增加，查询的性能也会急剧下降。

下面通过几个示例熟悉如何使用嵌套子查询。

9.4.1　示例：查找工资超过平均工资的员工所在的部门

查找工资超过平均工资的员工所在的部门，使用子查询的实现步骤如下。

（1）子查询，实现从 EMP 表中查找员工平均工资，记为 A。

（2）查询步骤（1）的父查询，实现从 EMP 表中查找工资高于平均工资 A 的部门编号，记为集合 B。

（3）查询步骤（2）的父查询，实现从 DEPT 表中查找部门编号在集合 B 中的所有部门的信息。

示例代码如下。

```
-- 查找工资超过平均工资的员工所在的部门
SELECT *                              ①
FROM DEPT
WHERE DEPTNO IN (
    SELECT DEPTNO                     ②
    FROM EMP
    WHERE SAL > (
        SELECT AVG(SAL)               ③
        FROM EMP                      ④
    )
                                      ⑤
);                                    ⑥
```

代码第③行和第④行是实现上述步骤（1）的子查询；代码第②~⑤行是实现上述步骤（2）的查询；代码第①~⑥行是实现上述步骤（3）的查询。上述代码查询结果如图 9-11 所示。

	DEPTNO	DNAME	LOC
▶	10	ACCOUNTING	NEW YORK
	20	RESEARCH	DALLAS
	30	SALES	CHICAGO
	NULL	NULL	NULL

图 9-11　查询结果

9.4.2　示例：查找 EMP 表中工资第 3 高的员工信息

查找 EMP 表中工资第 3 高的员工信息，使用子查询的实现步骤如下。

（1）最内层子查询，实现从 EMP 表中查找最高工资，记为 A。

（2）查询步骤（1）的父查询，实现从 EMP 表中查找小于 A 的最高工资，记为 B。

（3）查询步骤（2）的父查询，实现从 EMP 表中查找小于 B 的最高工资，记为 C。

（4）查询步骤（3）的父查询，也是最外层查询，实现从 EMP 表中查找工资等于 C（第 3 高的工资）的所有员工信息。

示例代码如下。

```
-- 查找 EMP 表中工资第 3 高的员工信息
SELECT *                              ①
FROM EMP
WHERE SAL = (
    SELECT MAX(SAL)                   ②
```

```
    FROM EMP
    WHERE SAL < (
        SELECT MAX(SAL)                     ③
        FROM EMP
        WHERE SAL < (
            SELECT MAX(SAL)                 ④
            FROM EMP                        ⑤
        )
                                            ⑥
    )                                       ⑦
                                            ⑧
);                                          ⑨
```

上述代码中有 3 个查询语句,代码第①～⑨行为最外层查询,即上述步骤(4)的查询语句;代码第②～⑧行是上述步骤(3)的查询语句;代码第③～⑥行是上述步骤(2)的查询语句;代码第④行和第⑤行是上述步骤(1)的查询语句。上述代码执行结果如图 9-12 所示。

EMPNO	ENAME	JOB	MGR	HIREDATE	SAL	comm	DEPTNO
7566	JONES	MANAGER	7839	1982-1-23	2975	NULL	20
NULL	NULL	NULL	NULL	NULL	NULL	NULL	NULL

图 9-12　步骤(1)查询结果

9.5　在 DML 中使用子查询

微课视频

子查询主要用于 WHERE 子句作为输入条件过滤数据的情况,包含 WHERE 子句的 DML 语句(DELETE 和 UPDATE)也可以使用子查询。

9.5.1　在 DELETE 语句中使用子查询

在 DELETE 语句的 WHERE 子句中使用子查询,与在 SELECT 语句的 WHERE 子句使用没有区别。下面通过示例熟悉如何在 DELETE 语句中使用子查询。

9.5.2　示例:删除部门所在地为纽约的所有员工信息

如何从 EMP 表中删除部门所在地在纽约的所有员工信息? 由于 EMP 表中只有部门编号,没有部门所在地,因此需要先到 DEPT 表中通过部门所在地(LOC)字段查询部门编号,然后再将部门编号作为输入条件从 EMP 表中删除员工。

实现步骤如下。

(1) 子查询,从 DEPT 表中通过部门所在地(LOC)字段查询部门编号,记为集合 A。

(2) 将部门编号集合 A 作为条件从 EMP 表中删除数据。

示例代码如下。

```
-- 删除所在部门为纽约的所有员工信息
```

```
DELETE FROM EMP                         ①
WHERE DEPTNO IN (                       ②
      SELECT DEPTNO                     ③
      FROM DEPT
      WHERE LOC = 'NEW YORK'            ④
   );
```

代码第①行是删除语句；代码第②行是删除语句的条件，它采用 IN 运算符与子查询进行比较；代码第③行和第④行是删除数据的子查询语句，它可以查询所在地为纽约的部门编号。

9.6　动手练一练

1．选择题

（1）单行子查询经常使用的运算符有哪些？（　　）

    A．IN　　　　　　　　B．>　　　　　　　C．EXISTS　　　　D．=

（2）多行子查询经常使用的运算符有哪些？（　　）

    A．IN　　　　　　　　B．>　　　　　　　C．EXISTS　　　　D．=

2．判断题

（1）子查询可以在 SELECT 语句、UPDATE 语句和 DELETE 语句中使用。　　（　　）

（2）子查询应该用一对小括号括起来。　　　　　　　　　　　　　　　　　（　　）

第 10 章

表　连　接

表连接是 SQL 中非常重要的技术,本章介绍表连接。

10.1　表连接的概念

微课视频

表连接(Join)是可以将多个表中的数据结合在一起的查询。

10.1.1　员工及其所属部门的详细信息

下面通过一个具体的案例引入表连接概念,假设要查询员工及其所属部门的详细信息
应该如何实现呢? 具体代码如下。

```
SELECT *
FROM EMP e, DEPT d
WHERE e.DEPTNO = d.DEPTNO;
```

上述代码将两个表连接起来,连接条件是 e. DEPTNO ＝ d. DEPTNO,查询结果如
图 10-1 所示,其中有些字段来自 EMP 表(员工表),而有些字段来自 DEPT 表(部门表)。

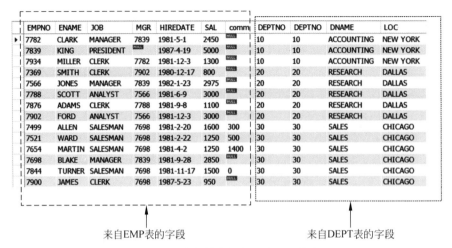

图 10-1　找出销售部的所有员工信息

在上述代码中，由于两个表中有些字段名是重复的，所以可以给表起一个别名，如图 10-2 所示，EMP 的别名是 e，DEPT 的别名是 d。使用 as 关键字声明表的别名，也可以使用空格声明，如语句 DEPT d 表示为 DEPT 表声明别名为 d。

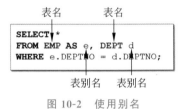

图 10-2　使用别名

表连接分为多种类型，有些类型只有特定数据库支持。本章首先介绍主流数据库支持的表连接语法，包括以下几种。

（1）内连接（INNER JOIN）；

（2）左连接（LEFT JOIN），又称左外连接；

（3）右连接（RIGHT JOIN），又称右外连接；

（4）全连接（FULL JOIN），又称全外连接；

（5）交叉连接（CROSS JOIN），又称笛卡儿积（Cartesian Product）、笛卡儿连接。

这些连接中常用的有内连接、左连接和右连接。由于右连接可以使用左连接替代，所以最常用的表连接是内连接和左连接。

10.1.2　准备数据

微课视频

在介绍各种类型的表连接之前，有必要先准备一些测试数据。首先修改 4.2 节 SCOTT 用户数据中的 EMP 表结构，去掉 EMP 表中的外键 DEPTNO，这样做的目的是允许在 EMP 表的 DEPTNO 字段插入一些空数据，以满足测试的需要。修改 EMP 表并插入数据的 SQL 脚本代码如下。

```
-- 删除 EMP 表
drop table if exists EMP;

-- 删除 DEPT 表
```

```
drop table if exists DEPT;
```

```
-- 创建 DEPT 表
create table DEPT
(
    DEPTNO              int not null,      -- 部门编号
    DNAME               varchar(14),       -- 名称
    LOC                 varchar(13),       -- 所在位置
    PRIMARY KEY (DEPTNO)
);
```

```
-- 创建员工表
create table EMP                                              ①
(
    EMPNO               int not null,      -- 员工编号
    ENAME               varchar(10),       -- 员工姓名
    JOB                 varchar(9),        -- 职位
    MGR                 int,               -- 员工顶头上司
    HIREDATE            char(10),          -- 入职日期
    SAL                 float,             -- 工资
    comm                float,             -- 奖金
    DEPTNO              int,               -- 所在部门
    PRIMARY KEY (EMPNO)                                       ②
);
```

```
-- 插入部门数据
insert into DEPT (DEPTNO, DNAME, LOC)
values (10, 'ACCOUNTING', 'NEW YORK');
insert into DEPT (DEPTNO, DNAME, LOC)
values (20, 'RESEARCH', 'DALLAS');
insert into DEPT (DEPTNO, DNAME, LOC)
values (30, 'SALES', 'CHICAGO');
insert into DEPT (DEPTNO, DNAME, LOC)
values (40, 'OPERATIONS', 'BOSTON');
insert into DEPT (DEPTNO, DNAME, LOC)
values (50, '秘书处', '上海');
insert into DEPT (DEPTNO, DNAME, LOC)
values (60, '总经理办公室', '北京');
```

```
-- 插入员工数据
insert into EMP (EMPNO, ENAME, JOB, MGR, HIREDATE, SAL, comm, DEPTNO)
...
insert into EMP (EMPNO, ENAME, JOB, MGR, HIREDATE, SAL, comm, DEPTNO)
values (7844, 'TURNER', 'SALESMAN', 7698, '1981－11－17', 1500, 0, 30);
insert into EMP (EMPNO, ENAME, JOB, MGR, HIREDATE, SAL, comm, DEPTNO)
values (7876, 'ADAMS', 'CLERK', 7788, '1981－9－8', 1100, null, 20);
insert into EMP (EMPNO, ENAME, JOB, MGR, HIREDATE, SAL, comm, DEPTNO)
```

```
values (7900, 'JAMES', 'CLERK', 7698, '1987 - 5 - 23', 950, null, 30);
insert into EMP (EMPNO, ENAME, JOB, MGR, HIREDATE, SAL, comm, DEPTNO)
values (7902, 'FORD', 'ANALYST', 7566, '1981 - 12 - 3', 3000, null, 20);
insert into EMP (EMPNO, ENAME, JOB, MGR, HIREDATE, SAL, comm, DEPTNO)
values (7934, 'MILLER', 'CLERK', 7782, '1981 - 12 - 3', 1300, null, 10);
insert into EMP (EMPNO, ENAME, JOB, MGR, HIREDATE, SAL, comm, DEPTNO)
values (8360, '刘备', '领导', null, '800 - 2 - 17', 8000, null, 80);
insert into EMP (EMPNO, ENAME, JOB, MGR, HIREDATE, SAL, comm, DEPTNO)
values (8361, '关羽', '将军', 8360, '800 - 3 - 7', 5500, null, 90);
insert into EMP (EMPNO, ENAME, JOB, MGR, HIREDATE, SAL, comm, DEPTNO)
values (8362, '张飞', '将军', 8360, '800 - 12 - 3', 5000, null, 60);

-- 提交数据
COMMIT;
```

上述 SQL 语句中，代码第①行和第②行是重新创建 EMP 表的代码，可见其中去掉了外键关联语句。执行上述 SQL 语句，EMP 表数据如图 10-3 所示，DEPT 表数据如图 10-4 所示。

	EMPNO	ENAME	JOB	MGR	HIREDATE	SAL	comm	DEPTNO
1	7369	SMITH	CLERK	7902	1980-12-17	800	NULL	20
2	7499	ALLEN	SALESMAN	7698	1981-2-20	1600	300	30
3	7521	WARD	SALESMAN	7698	1981-2-22	1250	500	30
4	7566	JONES	MANAGER	7839	1982-1-23	2975	NULL	20
5	7654	MARTIN	SALESMAN	7698	1981-4-2	1250	1400	30
6	7698	BLAKE	MANAGER	7839	1981-9-28	2850	NULL	30
7	7782	CLARK	MANAGER	7839	1981-5-1	2450	NULL	10
8	7788	SCOTT	ANALYST	7566	1981-6-9	3000	NULL	20
9	7839	KING	PRESIDENT	NULL	1987-4-19	5000	NULL	10
10	7844	TURNER	SALESMAN	7698	1981-11-17	1500	0	30
11	7876	ADAMS	CLERK	7788	1981-9-8	1100	NULL	20
12	7900	JAMES	CLERK	7698	1987-5-23	950	NULL	30
13	7902	FORD	ANALYST	7566	1981-12-3	3000	NULL	20
14	7934	MILLER	CLERK	7782	1981-12-3	1300	NULL	10
15	8360	刘备	领导	NULL	800-2-17	8000	NULL	80
16	8361	关羽	将军	8360	800-3-7	5500	NULL	90
17	8362	张飞	将军	8360	800-12-3	5000	NULL	60

图 10-3　EMP 表数据

	DEPTNO	DNAME
1	10	ACCOUNTING
2	20	RESEARCH
3	30	SALES
4	40	OPERATIONS
5	50	秘书处
6	60	总经理办公室

图 10-4　DEPT 表数据

微课视频

10.2　内连接

两个表的连接在数学上就是两个集合的运算，那么两个表的内连接就是求两个表中数据集合的交集，如图 10-5 所示，表 1 和表 2 的交集是图中的灰色区域。

例如，表 1 有 4 条数据，表 2 也有 4 条数据，ID 是表 1 和表 2 的匹配字段。内连接后仅找到 A 和 C 两条匹配数据，如图 10-6 所示，因为表 2 中不存在 B 和 D，而表 1 中不存在 E 和 F。

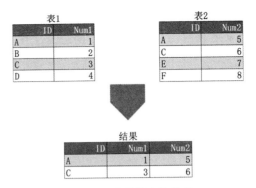

图 10-5 表 1 和表 2 的交集　　　　图 10-6 内连接查询结果

10.2.1 内连接语法格式 1

内连接语法格式有两种,语法格式 1 如下。

```
SELECT 表 1.字段 1,表 1.字段 2,表 2.字段 1,...
FROM 表 1 表 2
WHERE 表 1.匹配字段 = 表 2.匹配字段;
```

语法格式 1 中表连接的连接条件添加在 WHERE 子句中,其中匹配字段是两个表连接字段。从业务层面而言,它们应该是有关联关系的外键;但从语法层面而言,只要是数据类型一致的字段都可以作为连接字段。10.1.1 节示例采用的就是语法格式 1。

10.2.2 内连接语法格式 2

内连接语法格式 2 如下。

```
SELECT 表 1.字段 1,表 1.字段 2,表 2.字段 1,...
FROM 表 1
INNER JOIN 表 2
ON 表 1.匹配字段 = 表 2.匹配字段;
```

语法格式 2 采用了 INNER JOIN ON 关键字实现内连接,其中 INNER JOIN 中的 INNER 关键字可以省略,ON 后为表连接的连接条件。

采用语法格式 2 重新实现 10.1.1 节示例,代码如下。

```
SELECT *
FROM EMP e
    INNER JOIN DEPT d ON e.DEPTNO = d.DEPTNO;
```

上述代码还可以省略 INNER 关键字,执行结果参考 10.1.1 节。

10.2.3 查找部门在纽约的所有员工姓名

下面通过示例熟悉内连接的使用。

假设有这样的需求:查询出部门在纽约的所有员工的姓名。从图 4-2 所示的 SCOTT

用户 ER 图可知 EMP 表中没有部门所在地，只有部门编号，而 DEPT 表中有部门所在位置，即部门所在地。如何解决这个问题？读者可能首先会想到使用子查询实现，这是解决该问题的方法之一。还可以通过表连接实现，代码如下。

```
SELECT
    e.EMPNO, e.ENAME, d.DNAME
FROM
    EMP e,
    DEPT d
WHERE
    e.DEPTNO = d.DEPTNO
    AND d.LOC = 'NEW YORK';
```

上述代码在使用 INNER JOIN 内连接的基础上增加了 WHERE 子句，在查询指定字段时使用的语法格式是"表名或表别名.字段"。查询结果如图 10-7 所示，可见返回 3 条数据。

	EMPNO	ENAME	DNAME
1	7782	CLARK	ACCOUNTING
2	7839	KING	ACCOUNTING
3	7934	MILLER	ACCOUNTING

图 10-7　使用内连接查询结果

如果采用内连接的语法格式 2 实现，则代码如下。

```
SELECT *
FROM EMP e, DEPT d
WHERE e.DEPTNO = d.DEPTNO
        AND d.LOC = 'NEW YORK';
```

上述代码使用了逻辑与(AND)运算符将表连接条件和其他筛选条件连接起来。

10.3　左连接

表 1 和表 2 的左连接如图 10-8 所示，其中灰色区域为左连接数据集合。

表 1 和表 2 的左连接结果是连接表 1 中的匹配数据，如果表 2 中没有匹配数据(B 和 D)，则用 NULL 填补，左连接结果如图 10-9 所示。

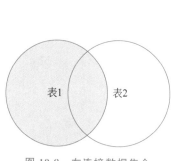

图 10-8　左连接数据集合

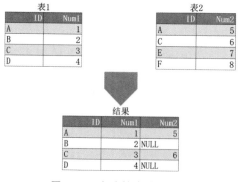

图 10-9　左连接查询结果 1

10.3.1 左连接语法格式

左连接语法格式如下。

```
SELECT 表1.字段1,表1.字段2,表2.字段1,…
FROM 表1
[OUTER] LEFT JOIN 表2
ON 表1.匹配字段 = 表2.匹配字段;
```

可见左连接使用关键字 OUTER LEFT JOIN…ON 实现。与内连接相比,将 INNER 关键字换成了 LEFT 关键字,另外,OUTER 关键字通常会省略。

10.3.2 示例:EMP 表与 DEPT 表的左连接查询

示例代码如下。

```
SELECT e.EMPNO, e.ENAME, d.DNAME, d.LOC
FROM EMP e
    LEFT JOIN DEPT d ON e.DEPTNO = d.DEPTNO;
```

EMP 表与 DEPT 表的左连接查询结果如图 10-10 所示。EMP 表有 17 条数据,其中在 DEPT 表中没有匹配数据的会用 NULL 填充。

	EMPNO	ENAME	DNAME
1	7369	SMITH	RESEARCH
2	7499	ALLEN	SALES
3	7521	WARD	SALES
4	7566	JONES	RESEARCH
5	7654	MARTIN	SALES
6	7698	BLAKE	SALES
7	7782	CLARK	ACCOUNTING
8	7788	SCOTT	RESEARCH
9	7839	KING	ACCOUNTING
10	7844	TURNER	SALES
11	7876	ADAMS	RESEARCH
12	7900	JAMES	SALES
13	7902	FORD	RESEARCH
14	7934	MILLER	ACCOUNTING
15	8360	刘备	NULL
16	8361	关羽	NULL
17	8362	张飞	总经理办公室

图 10-10 左连接查询结果 2

10.4 右连接

表 1 和表 2 的右连接如图 10-11 所示,其中灰色区域为右连接数据集合。

表 1 和表 2 的右连接结果是连接表 2 中的匹配数据,如果表 1 中没有匹配数据(E 和 F),则使用 NULL 填补,右连接结果如图 10-12 所示。

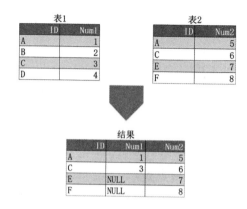

图 10-11　右连接数据集合

图 10-12　右连接查询结果 1

10.4.1　右连接语法格式

右连接语法格式如下。

```
SELECT 表1.字段1,表1.字段2,表2.字段1,…
FROM 表1
[OUTER] RIGHT JOIN 表2
ON 表1.匹配字段 = 表2.匹配字段;
```

可见右连接使用关键字 OUTER RIGHT JOIN…ON 实现，与内连接相比，右连接将 INNER 关键字换成了 RIGHT。另外，OUTER 关键字通常会省略。

10.4.2　示例：EMP 表与 DEPT 表的右连接查询

示例代码如下。

```
SELECT e.EMPNO, e.ENAME, d.DEPTNO, d.DNAME, d.LOC
FROM EMP e
    RIGHT JOIN DEPT d ON e.DEPTNO = d.DEPTNO;
```

EMP 表与 DEPT 表的右连接查询结果如图 10-13 所示，EMP 表有 17 条数据，其中两条数据在 DEPT 表中没有匹配的数据，所以会用 NULL 填充。

> 📌注意　由于右连接可以使用左连接代替，因此有些数据库不支持右连接（如 SQLite 数据库等），且大部分开发人员也习惯使用左连接，所以左连接最为常见。

使用左连接代替上述右连接，代码如下。

```
-- 用左连接代替右连接

SELECT e.EMPNO, e.ENAME, d.DEPTNO, d.DNAME, d.LOC
```

	EMPNO	ENAME	DEPTNO	DNAME	LOC
▶	7934	MILLER	10	ACCOUNTING	NEW YORK
	7839	KING	10	ACCOUNTING	NEW YORK
	7782	CLARK	10	ACCOUNTING	NEW YORK
	7902	FORD	20	RESEARCH	DALLAS
	7876	ADAMS	20	RESEARCH	DALLAS
	7788	SCOTT	20	RESEARCH	DALLAS
	7566	JONES	20	RESEARCH	DALLAS
	7369	SMITH	20	RESEARCH	DALLAS
	7900	JAMES	30	SALES	CHICAGO
	7844	TURNER	30	SALES	CHICAGO
	7698	BLAKE	30	SALES	CHICAGO
	7654	MARTIN	30	SALES	CHICAGO
	7521	WARD	30	SALES	CHICAGO
	7499	ALLEN	30	SALES	CHICAGO
	NULL	NULL	40	OPERATIONS	BOSTON
	NULL	NULL	50	秘书处	上海
	8362	张飞	60	总经理办公室	北京

图 10-13　右连接查询结果 2

```
FROM DEPT d
    LEFT JOIN EMP e ON e.DEPTNO = d.DEPTNO;
```

可见，只要把表 1 和表 2 调换，把 RIGHT JOIN 关键字换成 LEFT JOIN 即可。读者可以自己测试一下，看看代码运行结果是否一致。

10.5　全连接

微课视频

表 1 和表 2 的全连接如图 10-14 所示，其中灰色区域为两个表数据集合的并集。

表 1 和表 2 的全连接结果是将两个表所有数据全返回，有不匹配的数据时使用 NULL 填充，如图 10-15 所示。

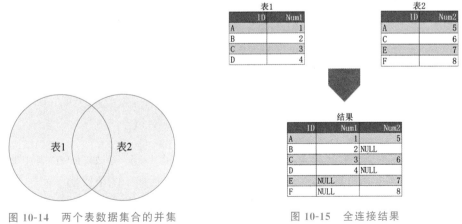

图 10-14　两个表数据集合的并集

图 10-15　全连接结果

MySQL 不支持 FULL JOIN 关键字，可以使用 UNION(联合)运算符将左连接和右连接联合起来。

EMP 表与 DEPT 表的全连接查询示例代码如下。

```
SELECT e.EMPNO, e.ENAME, d.DEPTNO, d.DNAME, d.LOC          ①
FROM EMP e
    LEFT JOIN DEPT d ON e.DEPTNO = d.DEPTNO                ②
UNION
SELECT e.EMPNO, e.ENAME, d.DEPTNO, d.DNAME, d.LOC          ③
FROM EMP e
    RIGHT JOIN DEPT d ON e.DEPTNO = d.DEPTNO               ④
```

代码第①行和第②行是左连接查询，代码第③行和第④行是右连接查询，它们通过 UNION 运算符联合起来。

EMP 表与 DEPT 表的全连接查询结果如图 10-16 所示，共查询出 19 条数据，其中没有匹配的数据处用 NULL 填充。

EMPNO	ENAME	DEPTNO	DNAME	LOC
7369	SMITH	20	RESEARCH	DALLAS
7499	ALLEN	30	SALES	CHICAGO
7521	WARD	30	SALES	CHICAGO
7566	JONES	20	RESEARCH	DALLAS
7654	MARTIN	30	SALES	CHICAGO
7698	BLAKE	30	SALES	CHICAGO
7782	CLARK	10	ACCOUNTING	NEW YORK
7788	SCOTT	20	RESEARCH	DALLAS
7839	KING	10	ACCOUNTING	NEW YORK
7844	TURNER	30	SALES	CHICAGO
7876	ADAMS	20	RESEARCH	DALLAS
7900	JAMES	30	SALES	CHICAGO
7902	FORD	20	RESEARCH	DALLAS
7934	MILLER	10	ACCOUNTING	NEW YORK
8360	刘备	NULL	NULL	NULL
8361	关羽	NULL	NULL	NULL
8362	张飞	60	总经理办公室	北京
NULL	NULL	40	OPERATIONS	BOSTON
NULL	NULL	50	秘书处	上海

图 10-16　全连接查询结果

微课视频

10.6　交叉连接

交叉连接是将一个表的每行与另一个表的每行组合在一起。例如，EMP 表中有 17 条数据，DEPT 表中有 6 条数据，那么这两个表交叉连接后将返回 102 条数据。

10.6.1　交叉连接语法格式 1

交叉连接有两种语法格式，其中语法格式 1 如下。

```
SELECT 表 1.字段 1,表 1.字段 2,表 2.字段 1,...
FROM 表 1 表 2;
```

可见,如果将内连接语法格式 1 的如下连接条件删除,就是交叉连接了。

```
WHERE 表 1.匹配字段 = 表 2.匹配字段
```

采用语法格式 1 示例代码如下。

```
SELECT *
FROM EMP e, DEPT d;
```

上述代码将 EMP 表和 DEPT 表交叉连接,可见这里是没有连接条件的。代码执行结果如图 10-17 所示,返回 102 条数据。

	EMPNO	ENAME	JOB	MGR	HIREDATE	SAL	comm	DEPTNO	DEPTNO	DNAME	LOC
1	7369	SMITH	CLERK	7902	29572	800	NULL	20	60	总经理办公室	北京
2	7369	SMITH	CLERK	7902	29572	800	NULL	20	50	秘书处	上海
3	7369	SMITH	CLERK	7902	29572	800	NULL	20	40	OPERATIONS	BOSTON
4	7369	SMITH	CLERK	7902	29572	800	NULL	20	30	SALES	CHICAGO
...	...	...	...	...	...	...	...	...	...	...	...
85	8360	刘备	领导	NULL	800-2-17	8000	NULL	80	60	总经理办公室	北京
86	8360	刘备	领导	NULL	800-2-17	8000	NULL	80	50	秘书处	上海
87	8360	刘备	领导	NULL	800-2-17	8000	NULL	80	40	OPERATIONS	BOSTON
88	8360	刘备	领导	NULL	800-2-17	8000	NULL	80	30	SALES	CHICAGO
89	8360	刘备	领导	NULL	800-2-17	8000	NULL	80	20	RESEARCH	DALLAS
90	8360	刘备	领导	NULL	800-2-17	8000	NULL	80	10	ACCOUNTING	NEW YORK
91	8361	关羽	将军	8360	800-3-7	5500	NULL	90	60	总经理办公室	北京
92	8361	关羽	将军	8360	800-3-7	5500	NULL	90	50	秘书处	上海
93	8361	关羽	将军	8360	800-3-7	5500	NULL	90	40	OPERATIONS	BOSTON
94	8361	关羽	将军	8360	800-3-7	5500	NULL	90	30	SALES	CHICAGO
95	8361	关羽	将军	8360	800-3-7	5500	NULL	90	20	RESEARCH	DALLAS
96	8361	关羽	将军	8360	800-3-7	5500	NULL	90	10	ACCOUNTING	NEW YORK
97	8362	张飞	将军	8360	800-12-3	5000	NULL	60	60	总经理办公室	北京
98	8362	张飞	将军	8360	800-12-3	5000	NULL	60	50	秘书处	上海
99	8362	张飞	将军	8360	800-12-3	5000	NULL	60	40	OPERATIONS	BOSTON
100	8362	张飞	将军	8360	800-12-3	5000	NULL	60	30	SALES	CHICAGO
101	8362	张飞	将军	8360	800-12-3	5000	NULL	60	20	RESEARCH	DALLAS
102	8362	张飞	将军	8360	800-12-3	5000	NULL	60	10	ACCOUNTING	NEW YORK

图 10-17 交叉连接结果

10.6.2 交叉连接语法格式 2

交叉连接语法格式 2 如下。

```
SELECT 表 1.字段 1,表 1.字段 2,表 2.字段 1,...
FROM 表 1
CROSS JOIN 表 2;
```

可见,如果将内连接语法格式 2 的如下连接条件删除,并将 INNER 关键字替换为 CROSS,就是交叉连接。

```
ON 表 1.匹配字段 = 表 2.匹配字段
```

采用语法格式 2 示例代码如下。

```
-- 语法格式 2 实现交叉连接
SELECT *
FROM EMP e
     CROSS JOIN DEPT d;
```

上述代码执行结果如图 10-17 所示。

注意 交叉连接的语法格式 2 在很多数据库中是不支持的（如 SQLite 数据库等），而语法格式 1 形式多数数据库都支持。

提示 大多数情况下，没有连接条件的笛卡儿积既无现实意义，又非常影响性能，但有一个场景适用笛卡儿积，即生成大量数据，用于测试数据库。

10.7 动手练一练

1. 选择题

（1）如果 A 表有 3 条数据，B 表有 6 条数据，那么两个表内连接后最多有多少条数据？（　　）

    A. 3 条　　　　　　B. 6 条　　　　　　C. 18 条　　　　　　D. 0 条

（2）如果 A 表有 3 条数据，B 表有 6 条数据，那么 A 表左连接 B 表后最多有多少条数据？（　　）

    A. 3 条　　　　　　B. 6 条　　　　　　C. 18 条　　　　　　D. 0 条

（3）如果 A 表有 3 条数据，B 表有 6 条数据，那么 A 表右连接 B 表后最多有多少条数据？（　　）

    A. 3 条　　　　　　B. 6 条　　　　　　C. 18 条　　　　　　D. 0 条

（4）如果 A 表有 3 条数据，B 表有 6 条数据，那么 A 表全连接 B 表后最多有多少条数据？（　　）

    A. 3 条　　　　　　B. 6 条　　　　　　C. 18 条　　　　　　D. 0 条

2. 判断题

（1）没有连接条件的笛卡儿积既无现实意义，又非常影响性能。　　　　　　（　　）

（2）笛卡儿积一般用于生成大量数据，测试数据库。　　　　　　（　　）

第 11 章

MySQL 中特有的 SQL 语句

之前介绍的 SQL 语句都是标准的,但事实上不同的数据库管理系统所支持的 SQL 语句有所不同,本章介绍一些 MySQL 中特有的 SQL 语句。

11.1 自增长字段

MySQL 建表时可以指定字段为自增长(AUTO INCREMENT)字段。顾名思义,自增长字段在插入数据时,值会自动加 1。自增长字段需为整数类型,通常是表的主键字段。

使用自增长字段代码如下。

```
-- 选择数据库
USE school_db;
-- 创建学生表的语句
CREATE TABLE student(
    s_id    INTEGER PRIMARY KEY NOT NULL AUTO_INCREMENT,    -- 学号
```

```
    s_name   VARCHAR(20),                    -- 姓名
    gender   CHAR(1),                         -- 性别 'F'表示女 'M'表示男
    PIN      CHAR(18)                         -- 身份证号码
);
```

上述示例创建 student 表，其中 s_id 是自增长字段，使用 AUTO_INCREMENT 关键字声明自增长字段。在 MySQL Workbench 工具中执行 SQL 语句，结果如图 11-1 所示。

图 11-1　在 MySQL Workbench 工具中执行 SQL 语句

表创建成功后，可以通过 INSERT 语句插入一些数据，假设通过如下 SQL 语句插入 3 条数据。

```
-- 插入测试数据
INSERT INTO student (s_name,gender) VALUES('张三','M');
INSERT INTO student (s_name,gender) VALUES('李四','F');
INSERT INTO student (s_name,gender) VALUES('王五','M');
```

插入数据成功后，再查询数据，如图 11-2 所示，可见 s_id 字段从 1 增加到 3。

s_id	s_name	gender	PIN
1	张三	M	NULL
2	李四	F	NULL
3	王五	M	NULL
NULL	NULL	NULL	NULL

图 11-2　查询数据

微课视频

11.2　MySQL 日期相关数据类型

不同的数据库中日期相关的数据类型存在一些差别,本节介绍 MySQL 日期相关的数据类型,这些数据类型如下。

(1) DATETIME:同时包含日期和时间信息,以 YYYY-MM-DD HH:MM:SS 格式显示数值,取值范围为 1000-01-01 00:00:00~9999-12-31 23:59:59。

(2) DATE:仅包含日期,没有时间部分,以 YYYY-MM-DD 格式显示数值,取值范围为 1000-01-01~9999-12-31。

(3) TIME:仅表示一天中的时间,以 HH:MM:SS 格式显示数值。取值范围为 00:00:00~23:59:59。

(4) TIMESTAMP:时间戳类型,取值范围为 1970-01-01 00:00:01 UTC(协调世界时间)~2038-01-19 03:14:07 UTC。如果要存储超过 2038 的时间值,则应使用 DATETIME 而不是 TIMESTAMP。TIMESTAMP 以 UTC 值存储,所以它是与时区相关的,而 DATETIME 值是按原样存储,没有时区。

下面通过示例熟悉 TIMESTAMP 与 DATETIME 的区别。创建测试表,代码如下。

```
-- MySQL 日期相关数据类型
-- 选择数据库
USE school_db;
-- 创建测试表
CREATE TABLE timestamp_n_datetime (
    id INT AUTO_INCREMENT PRIMARY KEY,
    ts TIMESTAMP,
    dt DATETIME
);
```

其中,ts 字段是 TIMESTAMP 类型,dt 字段是 DATETIME 类型。执行上述 SQL 语句创建 timestamp_n_datetime 表,用来测试 TIMESTAMP 与 DATETIME 的区别,在 MySQL Workbench 工具中执行 SQL 语句,结果如图 11-3 所示。

timestamp_n_datetime 表创建成功后,可以通过如下 SQL 语句插入一条数据进行测试。

```
-- 插入测试数据
INSERT INTO timestamp_n_datetime(ts,dt)VALUES(NOW(),NOW());
```

其中,NOW()是获得当前时间的函数。插入测试数据后,通过如下 SQL 语句查询数据。

```
-- 查询数据
SELECT ts,dt FROM timestamp_n_datetime;
```

执行 SQL 语句,结果如图 11-4 所示,可见未改变时区的情况下,TIMESTAMP 与 DATETIME 没有区别。

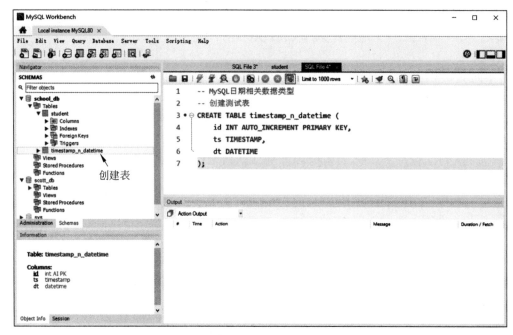

图 11-3　执行 SQL 语句

为了测试 TIMESTAMP 与时区有关,下面设置 MySQL 数据库时区。在设置前先查看数据库当前时区,查看时区的 SQL 语句如下。

```
-- 显示数据时区
show variables like "%time_zone%";
```

如图 11-5 所示,SYSTEM 表示当前时区来自当前操作系统时区。

将当前系统时区设置为东 3 区(莫斯科时间),代码如下。

```
-- 设置时区为东 3 区
SET time_zone = '+03:00';
```

设置时区完成后,可以再使用 SQL 语句查询一下,结果如图 11-6 所示,可见重新设置时区后两种数据类型是不同的。

图 11-4　执行 SQL 语句结果

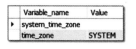

图 11-5　查看时区

图 11-6　执行 SQL 语句结果

微课视频

11.3　限制返回行数

在 MySQL 中可以使用 LIMIT 子句限制返回行数。LIMIT 子句对含有大量数据的大型表很有用,因为返回大量数据会影响性能。LIMIT 的基本语法格式如下。

```
SELECT field1, field2, ...
FROM table_name
LIMIT [offset,] rows | rows;
```

其中,offset 是设置偏移量,默认为 0,表示数据从第 offset＋1 条开始返回,如果省略,则表示从第 1 条数据开始返回;rows 设置返回的数据行数。

下面通过示例熟悉 LIMIT 子句的使用。为了演示示例,首先使用如下 SQL 语句查询 SCOTT 库中的 EMP 表。

```
SELECT * FROM EMP;
```

查询结果如图 11-7 所示,返回 14 条数据。

EMPNO	ENAME	JOB	MGR	HIREDATE	SAL	comm	DEPTNO
7369	SMITH	CLERK	7902	1980-12-17	800	NULL	20
7499	ALLEN	SALESMAN	7698	1981-2-20	1600	300	30
7521	WARD	SALESMAN	7698	1981-2-22	1250	500	30
7566	JONES	MANAGER	7839	1982-1-23	2975	NULL	20
7654	MARTIN	SALESMAN	7698	1981-4-2	1250	1400	30
7698	BLAKE	MANAGER	7839	1981-9-28	2850	NULL	30
7782	CLARK	MANAGER	7839	1981-5-1	2450	NULL	10
7788	SCOTT	ANALYST	7566	1981-6-9	3000	NULL	20
7839	KING	PRESIDENT	NULL	1987-4-19	5000	NULL	10
7844	TURNER	SALESMAN	7698	1981-11-17	1500	0	30
7876	ADAMS	CLERK	7788	1981-9-8	1100	NULL	20
7900	JAMES	CLERK	7698	1987-5-23	950	NULL	30
7902	FORD	ANALYST	7566	1981-12-3	3000	NULL	20
7934	MILLER	CLERK	7782	1981-12-3	1300	NULL	10
NULL	NULL	NULL	NULL	NULL	NULL	NULL	NULL

图 11-7　限制返回行数查询结果

1. 省略偏移量

使用 LIMIT 子句最简单的形式是省略偏移量,事实上就是偏移量为 0,示例代码如下。

```
SELECT * FROM EMP LIMIT 2;
```

查询语句省略了偏移量,从第 1 条数据开始返回两条数据,查询结果如图 11-8 所示。

EMPNO	ENAME	JOB	MGR	HIREDATE	SAL	comm	DEPTNO
7369	SMITH	CLERK	7902	1980-12-17	800	NULL	20
7499	ALLEN	SALESMAN	7698	1981-2-20	1600	300	30
NULL	NULL	NULL	NULL	NULL	NULL	NULL	NULL

图 11-8　省略偏移量查询结果

2. 指定偏移量

指定偏移量示例代码如下。

```
SELECT * FROM EMP LIMIT 1, 2;
```

上述代码指定偏移量为 1,就是从第 2 条数据开始,返回两条数据。执行上述 SQL 语句,结果如图 11-9 所示。

EMPNO	ENAME	JOB	MGR	HIREDATE	SAL	comm	DEPTNO
7499	ALLEN	SALESMAN	7698	1981-2-20	1600	300	30
7521	WARD	SALESMAN	7698	1981-2-22	1250	500	30
NULL	NULL	NULL	NULL	NULL	NULL	NULL	NULL

图 11-9　指定偏移量查询结果

3. 另一种指定偏移量方法

为了兼容 PostgreSQL 数据库，MySQL 还提供另外一种指定偏移量方法，修改代码如下。

```
SELECT * FROM EMP LIMIT 2 OFFSET 1;
```

其中，偏移量通过 OFFSET 关键字指定，查询结果如图 11-10 所示。

EMPNO	ENAME	JOB	MGR	HIREDATE	SAL	comm	DEPTNO
7499	ALLEN	SALESMAN	7698	1981-2-20	1600	300	30
7521	WARD	SALESMAN	7698	1981-2-22	1250	500	30
NULL	NULL	NULL	NULL	NULL	NULL	NULL	NULL

图 11-10　通过 OFFSET 关键字指定查询结果

11.4　常用函数

各种数据库都提供了一些特有函数，下面从几个方面介绍一些常用的函数。

11.4.1　数字型函数

微课视频

数字型函数主要用于处理数字型数据，常用的数字型函数如下。

(1) ABS(x)：返回 x 的绝对值。

(2) FLOOR(x)：返回小于 x 的最大整数值。

(3) RAND()：返回 0～1 的随机值。

(4) ROUND(x,y)：返回参数 x 四舍五入有 y 位小数的值。

(5) TRUNCATE(x,y)：返回数值 x 保留到小数点后 y 位的值。

测试 ABS() 和 FLOOR() 函数，示例代码如下。

```
select ABS(-10),FLOOR(-1.2),FLOOR(1.2);
```

上述代码执行结果如图 11-11 所示，其中语句 FLOOR(-1.2) 输出结果为 -2，FLOOR(1.2) 输出结果为 1。

ABS(-10)	FLOOR(-1.2)	FLOOR(1.2)
10	-2	1

图 11-11　测试 ABS() 和 FLOOR() 函数执行结果

测试 RAND()、ROUND() 和 TRUNCATE() 函数，示例代码如下。

```
select  RAND(), ROUND(0.456789,3),TRUNCATE(0.456789,3);
```

上述代码执行结果如图 11-12 所示,可见其中 RAND()函数输出 0~1 的随机数;语句 ROUND(0.456789,3)对 0.456789 进行四舍五入,并保留 3 位小数,输出结果为 0.457;语句 TRUNCATE(0.456789,3)截取 0.456789 小数点后 3 位,输出结果是 0.456。

RAND()	ROUND(0.456789,3)	TRUNCATE(0.456789,3)
▶ 0.9470780239878949	0.457	0.456

图 11-12　测试 RAND()、ROUND()和 TRUNCATE()函数执行结果

11.4.2　字符串函数

微课视频

字符串函数可用于处理字符串类型数据,下面介绍一些常用的字符串函数。

(1) LENGTH(s):返回字符串 s 的字节长度。

(2) CONCAT(s1,s2,…):将多个表达式连接成一个字符串。

(3) LOWER(s):将字符串 s 中的字母全部转换为小写。

(4) UPPER(s):将字符串 s 中的字母全部转换为大写。

(5) LEFT(s,x):返回字符串 s 中最左边的 x 个字符。

(6) RIGHT(s,x):返回字符串 s 中最右边的 x 个字符。

(7) RTRIM(s):删除字符串 s 右侧的空格。

(8) LTRIM(s):删除字符串 s 左侧的空格。

(9) TRIM(str):删除字符串左右两侧的空格。

(10) LPAD(s, length, lpad_string):在字符串 s 左侧填充字符串 lpad_string,直到 length 长度。

(11) RPAD(s, length, rpad_string):在字符串 s 右侧填充字符串 rpad_string,直到 length 长度。

(12) SUBSTRING(s, start, length):截取字符串 s,返回截取的从 start 位置开始,长度为 length 的字符串。

测试 LENGTH()和 CONCAT()函数,示例代码如下。

```
SELECT ENAME,LENGTH(ENAME),                        ①
CONCAT(ENAME, JOB, SAL) AS empstr1,                ②
CONCAT_WS(" - ",ENAME, JOB, SAL) AS empstr2        ③
FROM EMP limit 5;
```

代码第①行使用 LENGTH()函数返回 ENAME 字段的长度。代码第②行使用 CONCAT()函数将 ENAME、JOB 和 SAL 字段连接起来,注意它们之间没有任何分隔,如果希望指定分隔符,则可以使用 CONCAT_WS()函数,见代码第③行,连接的表达式之间使用-符号分隔。

上述代码执行结果如图 11-13 所示。

ENAME	LENGTH(ENAME)	empstr1	empstr2
SMITH	5	SMITHCLERK800	SMITH-CLERK-800
ALLEN	5	ALLENSALESMAN1600	ALLEN-SALESMAN-1600
WARD	4	WARDSALESMAN1250	WARD-SALESMAN-1250
JONES	5	JONESMANAGER2975	JONES-MANAGER-2975
MARTIN	6	MARTINSALESMAN1250	MARTIN-SALESMAN-1250

图 11-13　测试 LENGTH()和 CONCAT()函数执行结果

测试 LOWER()、UPPER()、LEFT()和 RIGHT()函数，示例代码如下。

```
SELECT
LOWER(ENAME),
UPPER(ENAME),
LEFT(ENAME,3),
RIGHT(ENAME,3)
FROM EMP limit 5;
```

上述代码执行结果如图 11-14 所示。

LOWER(ENAME)	UPPER(ENAME)	LEFT(ENAME,3)	RIGHT(ENAME,3)
smith	SMITH	SMI	ITH
allen	ALLEN	ALL	LEN
ward	WARD	WAR	ARD
jones	JONES	JON	NES
martin	MARTIN	MAR	TIN

图 11-14　测试 LOWER()、UPPER()、LEFT()和 RIGHT()函数执行结果

测试 LTRIM()、RTRIM()和 TRIM()函数，示例代码如下。

```
SELECT
("    SQL Tutorial    "),
LTRIM("    SQL Tutorial") AS LeftTrimmedString,
RTRIM("SQL Tutorial    ") AS RightTrimmedString,
TRIM('    SQL Tutorial    ') AS TrimmedString;
```

上述代码执行结果如图 11-15 所示。

SQL Tutorial	LeftTrimmedString	RightTrimmedString	TrimmedString
SQL Tutorial	SQL Tutorial	SQL Tutorial	SQL Tutorial

图 11-15　测试 LTRIM()、RTRIM()和 TRIM()函数执行结果

测试 LPAD()、RPAD()和 SUBSTRING()函数，示例代码如下。

```
SELECT
ENAME,
LPAD(ENAME, 10, "#"),
RPAD(ENAME, 10, "%"),
SUBSTRING("SQL Tutorial", 5, 3) AS ExtractString
FROM EMP limit 5;
```

上述代码执行结果如图 11-16 所示。

ENAME	LPAD(ENAME, 10, "#")	RPAD(ENAME, 10, "%")	ExtractString
SMITH	#####SMITH	SMITH%%%%%	Tut
ALLEN	#####ALLEN	ALLEN%%%%%	Tut
WARD	######WARD	WARD%%%%%%	Tut
JONES	#####JONES	JONES%%%%%	Tut
MARTIN	####MARTIN	MARTIN%%%%	Tut

图 11-16　测试 LPAD( )、RPAD( )和 SUBSTRING( )函数执行结果

11.4.3　日期和时间函数

微课视频

日期和时间函数使用场景较多,下面介绍一些常用的日期和时间函数。

（1）CURDATE( )：返回当前系统的日期值,该函数的另一种写法是 CURRENT_ DATE( )。

（2）CURTIME( )：返回当前系统的时间值,该函数的另一种写法是 CURRENT_ TIME( )。

（3）NOW( )：返回当前系统的日期和时间值,该函数的另一种写法是 SYSDATE( )。

（4）MONTH( )：获取指定日期中的月份。

（5）YEAR( )：获取年份。

（6）ADDTIME( )：时间加法运算,在指定的时间上添加指定的时间秒数。

（7）DATEDIFF( )：获取两个日期之间的天数。

（8）DATE_FORMAT( )：格式化日期,根据日期格式化参数返回指定格式日期字符串,主要的日期格式化参数说明如表 11-1 所示。

表 11-1　日期格式化参数说明

参　　数	说　　明
%Y	年,4 位
%y	年,2 位
%m	月（取值范围为 00～12）
%d	月中的天（取值范围为 00～31）
%e	月中的天（取值范围为 0～31）
%H	24 小时制的小时
%h	12 小时制的小时
%i	分钟（取值范围为 00～59）
%S	秒（取值范围为 00～59）

测试 CURDATE( )、CURTIME( )和 NOW( )函数,示例代码如下。

```
-- 测试 CURDATE( )、CURTIME( )和 NOW( )函数
SELECT
CURDATE(),
CURTIME(),
NOW();
```

上述代码执行结果如图 11-17 所示。

CURDATE()	CURTIME()	NOW()
▸ 2022-11-12	21:31:46	2022-11-12 21:31:46

图 11-17　测试 CURDATE()、CURTIME()和 NOW()函数执行结果

测试 MONTH()和 YEAR()函数，示例代码如下。

```
-- 测试 MONTH()和 YEAR()函数
SELECT MONTH("2017-06-15"),
YEAR("2017-06-15");
```

上述代码执行结果如图 11-18 所示。

MONTH("2017-06-15")	YEAR("2017-06-15")
▸ 6	2017

图 11-18　测试 MONTH()和 YEAR()函数执行结果

测试 ADDTIME()和 DATEDIFF()函数，示例代码如下。

```
-- ADDTIME()和 DATEDIFF()函数
SELECT ADDTIME("11:34:21", "10"),
DATEDIFF("2017-06-25", "2017-06-15");
```

上述代码执行结果如图 11-19 所示。

ADDTIME("11:34:21", "10")	DATEDIFF("2017-06-25", "2017-06-15")
▸ 11:34:31	10

图 11-19　测试 ADDTIME()和 DATEDIFF()函数执行结果

测试 DATE_FORMAT()函数，示例代码如下。

```
SELECT
DATE_FORMAT(NOW(),'%Y-%m-%d'),
DATE_FORMAT(NOW(),'%y-%m-%d %H:%i:%s');
```

上述代码执行结果如图 11-20 所示。

DATE_FORMAT(NOW(),'%Y-%m-%d')	DATE_FORMAT(NOW(),'%y-%m-%d %H:%i:%s')
▸ 2022-11-12	22-11-12 21:38:45

图 11-20　测试 DATE_FORMAT()函数执行结果

11.5　动手练一练

1. 选择题

(1) 下列哪个函数可进行四舍五入计算？（　　　）

    A. FLOOR(x)　　　B. ABS(x)　　　　　C. ROUND(x,y)　D. TRUNCATE(x,y)

（2）下列哪些函数可返回当前系统的日期值？（　　　）

    A. CURDATE()　　　　　　　　B. CURRENT_DATE()

    C. NOW()　　　　　　　　　　D. SYSDATE()

2. 操作题

创建 teacher 表，其中编号（no）字段是自增长类型。

3. 判断题

（1）LIMIT 子句对含有大量数据的大型表很有用，因为返回大量数据会影响性能。

                            （　　）

（2）使用 LIMIT 子句的最简单形式是省略偏移量，此时偏移量将为1。　　（　　）

第 12 章

MySQL 数据库开发

在数据库中除了可以创建表、视图、索引等 SQL 对象外,还可以创建存储过程(Stored Procedure)。所谓存储过程,就是存储在服务器端的程序代码。存储过程的定义位于数据库中,能够与任意一个数据库应用程序相分离,这一特性使其具有许多优势。

(1)可用反复调用。存储过程一次编译并存储于数据库中以供后续调用,应用程序只需调用即可反复获得预期结果。

(2)高效。在网络数据库服务器环境中使用存储过程,无须通过网络通信即可访问数据库中的数据。这意味着与在某一客户端的应用程序执行相比,存储过程执行的速度更快,且对网络性能的影响较小。

(3)安全性。在存储过程中可以对数据设置一定的访问限制,使用存储过程会更加安全。

💡**注意** 不同数据库的存储过程差别很大,本章介绍的是基于 MySQL 数据库的存储过程。

12.1 存储过程

微课视频

下面介绍在 MySQL 数据库中如何创建、调用和删除存储过程。

12.1.1 使用存储过程重构"查找销售部的所有员工信息"案例

微课视频

10.1.1节介绍的"查找销售部的所有员工信息"案例,除了可以通过子查询和表连接实现外,还可以通过存储过程实现,示例代码如下。

```
-- 重新定义语句结束符
DELIMITER $ $                                                  ①

-- 创建存储过程
CREATE PROCEDURE sp_find_emps()                               ②
BEGIN                                                         ③

-- 声明变量 V_deptno
DECLARE V_deptno INT;                                         ④

-- 从 DEPT 表查询 DEPTNO 字段,并将数据赋值给 V_deptno 变量
SELECT DEPTNO INTO V_deptno FROM DEPT WHERE DNAME = 'SALES';  ⑤

-- 查询 EMP 表
SELECT * FROM EMP WHERE DEPTNO = V_deptno;                    ⑥

END $ $                                                       ⑦

-- 恢复语句结束符;
DELIMITER;                                                    ⑧
```

代码第①行中 DELIMITER 语句重新定义 SQL 语句结束符为 $ $。也可以使用其他特殊符号作为结束符,只要不与系统其他符号发生冲突即可,一般推荐使用 $$ 或//,但不要使用\\,因为\在 SQL 中是转义符。

💡**提示**　默认情况下,SQL 语句的结束符是分号,当数据库系统遇到分号时会认为语句结束,会马上执行该语句。但是在存储过程中往往包含多条 SQL 语句,开发人员并不希望每条语句分别执行,而是批量执行。所以需要重新定义结束符,将结束符定义成分号以外的符号后,数据库系统在存储过程中遇到分号时就不会马上执行。

代码第②行定义存储过程 sp_find_emps,创建存储过程使用 SQL 语句 CREATE PROCEDURE。

代码第③行 BEGIN 语句与代码第⑦行的 END 语句对应,指定存储过程代码块的范围,它类似于 Java 和 C 等语言中的大括号。

代码第④行使用 DECLARE 关键字声明 V_deptno 变量。声明变量的语法格式如下。

```
DECLARE variable_name datatype(size) [DEFAULT default_value];
```

代码第⑤行从 DEPT 表查询部门编号，并把它赋值给 V_deptno 变量，然后将 V_deptno 变量作为查询条件从 EMP 表查询数据，见代码第⑥行。其中使用 SELECT INTO 语句语法格式如下。

```
SELECT expression1 [, expression2 ...] INTO variable1 [, variable2 ...] 其他 SELECT
语句
```

SELECT INTO 语句可以从表中查询出的多个字段或表达式，并赋值给多个变量。

执行上述代码，会在数据库中创建一个存储过程对象，这个过程会编译上述代码。通过 Workbench 工具查看存储过程，如图 12-1 所示，在 Workbench 存储过程列表（Stored Procedures）中看到刚刚创建的存储过程。注意，如果没有看到，要刷新一下。

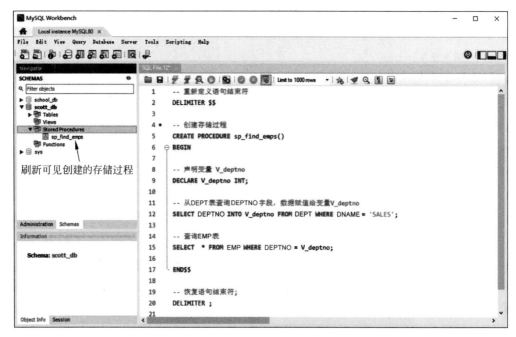

图 12-1　查看存储过程

读者也可以通过 SHOW PROCEDUR 语句查询存储过程，代码如下。

```
SHOW PROCEDURE STATUS WHERE db = 'scott_db';
```

其中，WHERE 子句指定数据库。执行结果如图 12-2 所示。

Db	Name	Type	Definer	Modified	Created	Security_type	Cor	character_set	collatio	Database Collation
scott_db	sp_find_emps	PROCEDURE	root@localhost	2022-11-12 22:08:49	2022-11-12 22:08:49	DEFINER		utf8mb4	utf8...	utf8mb4_09...

图 12-2　通过 SHOW PROCEDUR 语句查询存储过程执行结果

12.1.2 调用存储过程

创建存储过程的目的是方便后续反复调用,因此调用存储过程非常重要。调用存储过程比较简单,使用 call 语句实现,代码如下。

```
call scott_db.sp_find_emps();
```

其中,call 是调用存储过程关键字,scott_db 是存储过程所在的数据库。

如果存储过程所在的数据库是当前数据库,则 scott_db 可以省略,此时调用代码如下。

```
call sp_find_emps();
```

在 Workbench 工具中调用存储过程,如图 12-3 所示。读者可以自己在 SQL 窗口中编写 call 语句,在 Workbench 工具中也会自动生成调用存储过程语句,如图 12-4 所示。

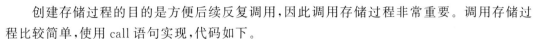

图 12-3 调用存储过程

12.1.3 删除存储过程

删除存储过程的语句是 DROP PROCEDURE,语法格式如下。

```
DROP PROCEDURE scott_db.sp_find_emps;
```

其中 scott_db 是存储过程所在的数据库。如果存储过程所在的数据库是当前数据库,则 scott_db 可以省略,此时调用代码如下。

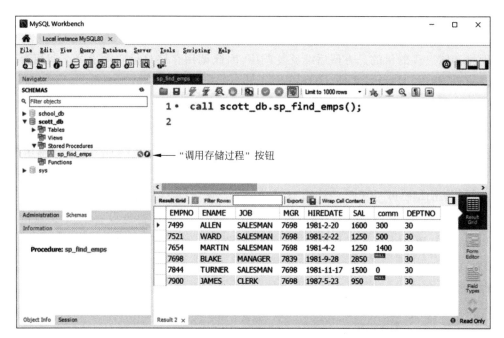

图 12-4　自动生成调用存储过程语句

```
DROP PROCEDURE sp_find_emps;
```

　　Workbench 工具提供了修改存储过程的功能，如图 12-5 所示，单击 🔧（修改存储过程）按钮，会打开存储过程源代码，开发人员可以在此修改并保存代码。如果要确认修改，则单击 Apply 按钮应用修改；如果要取消修改，则单击 Revert 按钮撤销修改。

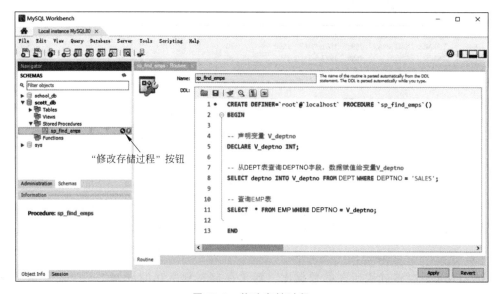

图 12-5　修改存储过程

微课视频

12.2 存储过程参数

创建存储过程时可以带有参数,语法格式如下。

```
[IN │ OUT │ INOUT] parameter_name datatype[(length)]
```

可见,这里有 IN、OUT 和 INOUT 3 种类型的参数。

12.2.1 IN 参数

IN 参数是默认类型。顾名思义,IN 参数只能将参数传入存储过程,参数的原始值在存储过程调用过程中不会被修改。

下面通过示例熟悉 IN 参数。查询销售部(SALES)所有员工信息,如果想根据传递的参数查询,那么如何实现呢？将部门名称作为一个 IN 参数传递给存储过程进行查询,代码如下。

```
-- IN参数

-- 重新定义语句结束符
DELIMITER $ $

-- 创建存储过程
-- 通过部门名称查询
CREATE PROCEDURE sp_find_emps_by_dname(IN P_dname text)          ①
BEGIN

    -- 声明 V_deptno 变量
    DECLARE V_deptno INT;

    -- 从 DEPT 表查询 deptno 字段,并将数据赋值给 V_deptno 变量
    SELECT DEPTNO INTO V_deptno FROM DEPT WHERE DNAME = P_dname;      ②

    -- 查询 EMP 表
    SELECT * FROM EMP WHERE DEPTNO = V_deptno;

END$ $

-- 恢复语句结束符
DELIMITER;
```

代码第①行定义存储过程,其中 P_dname text 参数是 IN 类型参数。代码第②行将 IN 参数 P_dname text 作为条件查询部门编号,并将查询出的部门编号赋值给 V_deptno 变量。

执行上述代码,会创建 emps_by_dname 存储过程。

调用存储过程查询 ACCOUNTING（财务部）所有员工信息的代码如下。

```
call sp_find_emps_by_dname('ACCOUNTING');
```

调用存储过程的 SQL 代码可以在任意 SQL 客户端执行，使用 Workbench 工具执行的结果如图 12-6 所示。

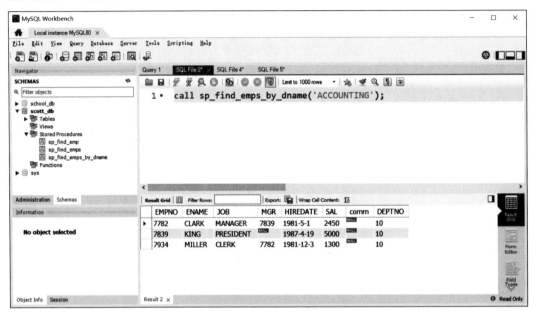

图 12-6　使用 Workbench 工具执行的结果

微课视频

12.2.2　OUT 参数

OUT 参数可以用于将存储过程中的数据回传给它的调用程序。注意，不要试图在存储过程中读取 OUT 参数的初始值，在存储过程中只能给它赋值。

下面通过示例熟悉 OUT 参数。使用存储过程实现查找资格最老的员工信息，示例代码如下。

```
-- 如果 sp_find_emp 存储过程存在，则删除
DROP PROCEDURE IF EXISTS sp_find_emp;                          ①

-- 重新定义语句结束符
DELIMITER $ $

-- 创建存储过程
-- 通过部门名称查询
CREATE PROCEDURE sp_find_emp(OUT P_name text)                  ②
BEGIN

-- 查询 EMP 表中资格最老的员工信息
```

```
SELECT ename INTO P_name                                    ③
FROM EMP
WHERE HIREDATE = (
    SELECT MIN(HIREDATE)
    FROM EMP);                                              ④
END $ $
```

```
-- 恢复语句结束符
DELIMITER;
```

代码第①行先判断是否已经存在 sp_find_emp 存储过程,如果存在,则先删除。代码第②行创建存储过程,其中 P_name text 是 OUT 参数。代码第③行和第④行通过一个子查询查询资格最老的员工信息,并把员工姓名赋值给输出参数 P_name。

执行上述代码创建存储过程,调用代码如下。

```
set @P_name = '';                                           ①
call sp_find_emp(@P_name);                                  ②
select @P_name;                                             ③
```

为了接收从存储过程返回的参数数据,代码第①行声明变量@P_name,并初始化为空字符串,其中@开头的变量称为会话变量,set 关键字为变量赋初始值。代码第②行才是真正调用存储过程的代码。代码第③行将返回的变量值打印出来,其中 select 语句是 MySQL中用于打印变量的语句。

使用 Workbench 工具执行调用代码,结果如图 12-7 所示。

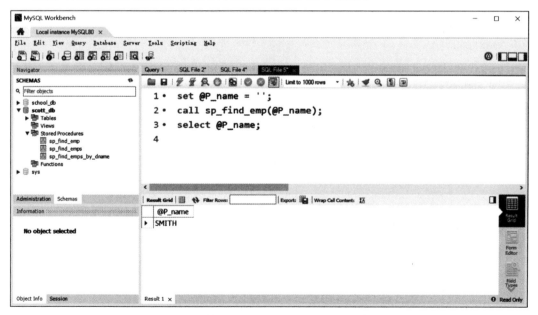

图 12-7　使用 Workbench 工具执行调用代码

> **提示** 会话变量是服务器为每个客户端连接维护的变量，它的作用域仅限于当前客户端连接，当连接断开，则变量失效。而 DECLARE 声明的变量称为局部变量，它的作用域是当前代码块，即 BEGIN-END 代码。

微课视频

12.2.3 INOUT 参数

INOUT 参数是 IN 参数和 OUT 参数的结合，是既可以传入也可以传出的参数。

为了熟悉 INOUT 参数，下面编写一个累加器，示例代码如下。

```
DROP PROCEDURE IF EXISTS SetCounter;

-- 重新定义语句结束符
DELIMITER $ $

-- 创建存储过程
CREATE PROCEDURE SetCounter(
    INOUT counter INT,
    IN inc INT
)

BEGIN
    SET counter = counter + inc;
END $ $

-- 恢复语句结束符
DELIMITER;
```

上述代码定义了用于累加的存储过程 SetCounter。SetCounter 有两个参数，其中 counter 参数是 INOUT 类型，inc 参数是 IN 类型。SetCounter 实现了将 counter 参数和 inc 参数相加，然后再通过 counter 参数将相加结果返回给调用程序。

> **提示** 读者会发现存储过程 SetCounter 中没有访问任何表操作。虽然存储过程用于数据库开发，但是并不是每个存储过程都会访问数据库中的表，是否访问表取决于自己的业务需要。

执行上述代码创建存储过程，调用代码如下。

```
SET @counter = 1;                           ①
CALL SetCounter(@counter,1); -- 2           ②
CALL SetCounter(@counter,1); -- 3
CALL SetCounter(@counter,5); -- 8           ③
SELECT @counter; -- 8                       ④
```

代码第①行声明初始化会话变量@counter，并初始化为 1。代码第②行和第③行调用了 3 次存储过程 SetCounter。代码第④行打印变量@counter。

使用 Workbench 工具执行调用代码,结果如图 12-8 所示。

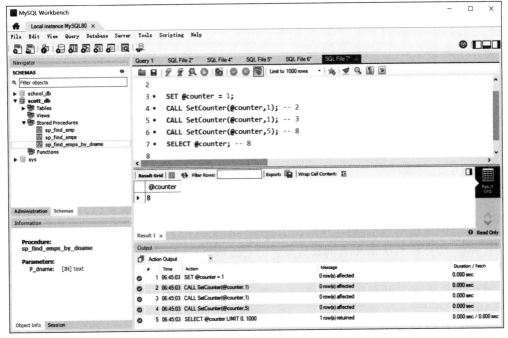

图 12-8　使用 Workbench 工具执行调用代码

微课视频

12.3　存储函数

在存储过程中还有一种特殊形式——存储函数(Stored Function),它通常返回单个值。

12.3.1　创建存储函数

使用 CREATE FUNCTION 指令创建存储函数,同存储过程的参数,存储函数的参数也有 3 种类型。另外,在创建存储函数时要指定返回值,这是函数与过程的最大区别。

例如,12.2.2 节 OUT 参数示例完全可以定义一个存储函数代替,代码如下。

```
DROP FUNCTION IF EXISTS sp_find_emp;

-- 重新定义语句结束符
DELIMITER $ $

-- 创建存储函数
-- 通过部门名称查询
CREATE FUNCTION sp_find_emp()                              ①

RETURNS text                                               ②
```

```
BEGIN
    DECLARE V_name text;                                    ③

 --  查询 EMP 表中资格最老的员工信息
SELECT ENAME INTO V_name                                    ④
FROM EMP
WHERE HIREDATE  =  (
    SELECT MIN(HIREDATE)
    FROM EMP);                                              ⑤

 --  函数返回数据
    RETURN V_name;                                          ⑥
END $ $

 --  恢复语句结束符
DELIMITER;
```

代码第①行创建 sp_find_emp 存储函数，该函数没有参数。代码第②行声明函数返回值类型为 text（字符串），RETURNS 是关键字。代码第③行声明局部变量 V_name。代码第④行和第⑤行从 EMP 表中查询资格最老的员工信息并赋值给 V_name 变量。代码第⑥行通过 RETURN 语句结束函数，将函数的计算结果返回给调用者。

默认情况下，上述代码执行时会发生如下错误。

```
Error Code: 1418. This function has none of DETERMINISTIC, NO SQL, or READS SQL DATA
in its declaration and binary logging is enabled (you * might * want to use the less
safe log_bin_trust_function_creators variable)
```

这是因为默认情况下存储函数创建者是不被信任的，要想创建存储函数，就必须声明函数限制，如下所示。

（1）DETERMINISTIC：声明函数是确定性的，即相同的输入参数总是产生相同的结果。这种函数主要用于字符串或数学处理，如一个相加函数，如果输入的参数为 1 和 2，那么结果一定是 3。

（2）NOT DETERMINISTIC：声明函数是非确定性的，与 DETERMINISTIC 相反，它是默认值。

（3）NO SQL：声明函数是无 SQL 语句的，函数中不包含 SQL 语句。

（4）READS SQL DATA：声明函数是读取数据的，但它只包含读取数据的 SELECT 语句，不包含修改数据的 DML 语句。

（5）MODIFIES SQL DATA：声明函数是修改数据的，它只包含修改数据的 DML 语句。

由于本示例只查询数据，因此可以使用 READS SQL DATA 限制函数，修改代码如下。

```
 --  如果存在 sp_find_emp 存储函数,则删除
DROP FUNCTION IF EXISTS sp_find_emp;

 --  重新定义语句结束符
DELIMITER $ $
```

```
-- 创建存储函数
-- 通过部门名称查询
CREATE FUNCTION sp_find_emp()

RETURNS text

READS SQL DATA                                    ①

BEGIN
    DECLARE V_name text;

-- 查询 EMP 表中资格最老的员工信息
SELECT ENAME INTO V_name
FROM EMP
WHERE HIREDATE = (
    SELECT MIN(HIREDATE)
    FROM EMP);

-- 函数返回数据
    RETURN V_name;
END $ $

-- 恢复语句结束符
DELIMITER;
```

代码第①行在函数中添加 READS SQL DATA 限制。上述示例代码执行后将创建存储函数，这个过程会编译上述代码。如果通过 Workbench 工具查看，如图 12-9 所示，在

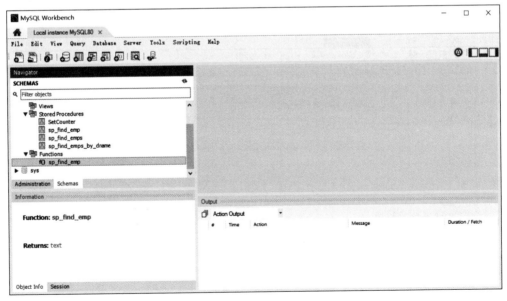

图 12-9　查看存储函数

Workbench 存储函数列表（Functions）中将看到刚刚创建的存储函数。注意，如果没有看到，可以刷新一下。

查看存储函数与查看存储过程类似，使用的命令是 SHOW FUNCTION，代码如下。

```
SHOW PROCEDURE STATUS WHERE db = 'scott_db';
```

其中，WHERE 子句指定数据库。通过以上命令查询存储函数，如图 12-10 所示。

	Db	Name	Type	Definer	Modified	Created	Security_type	Cor	character_set	collatio	Database Collation
▸	scott_db	SetCounter	PROCE...	root@localhost	2022-11-13 06:42:51	2022-11-13 06:42:51	DEFINER		utf8mb4	utf8...	utf8mb4_09...
	scott_db	sp_find_emp	PROCE...	root@localhost	2022-11-13 06:34:11	2022-11-13 06:34:11	DEFINER		utf8mb4	utf8...	utf8mb4_09...
	scott_db	sp_find_emps	PROCE...	root@localhost	2022-11-12 22:53:26	2022-11-12 22:53:26	DEFINER		utf8mb4	utf8...	utf8mb4_09...
	scott_db	sp_find_emps_by_dname	PROCE...	root@localhost	2022-11-12 22:59:46	2022-11-12 22:59:46	DEFINER		utf8mb4	utf8...	utf8mb4_09...

图 12-10　查询存储函数

12.3.2　调用存储函数

调用存储函数与调用存储过程差别很大，不需要使用 call 语句。事实上，调用存储函数与调用 MySQL 内置函数方法没有区别，只要权限允许，可以在任意位置调用存储函数。测试调用 find_emp() 函数，代码如下。

```
select sp_find_emp();
```

上述代码会将函数返回值打印出来。在 Workbench 工具中调用存储函数，如图 12-11 所示。

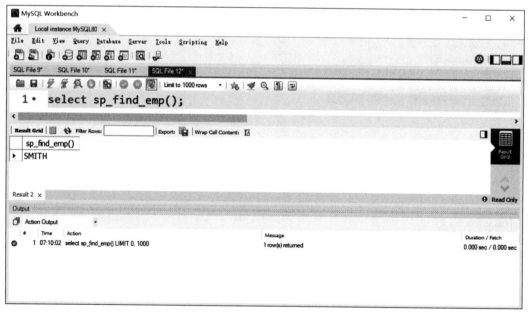

图 12-11　调用存储函数

12.4　动手练一练

1. 简答题

（1）请简述使用存储过程的优势。

（2）请简述在编写存储过程时为什么需要重新定义 SQL 语句结束符。

2. 选择题

存储过程参数的参数类型有哪些?（　　　）

A. IN　　　　　　　B. OUT　　　　　　C. INOUT　　　　D. IN OUT

3. 判断题

（1）调用存储过程需要使用 call 关键字。　　　　　　　　　　　　（　　　）

（2）调用存储函数需要使用 call 关键字。　　　　　　　　　　　　（　　　）

（3）INOUT 类型参数可以传入数据。　　　　　　　　　　　　　　（　　　）

（4）OUT 类型参数不能传入数据。　　　　　　　　　　　　　　　（　　　）

附录 A

动手练一练参考答案

第 1 章　编写第一个 SQL 程序

选择题

(1) 答案：A　(2) 答案：B　(3) 答案：D　(4) 答案：B

(5) 答案：D

第 2 章　MySQL 数据库

1. 操作题

(1) 答案(省略)　(2) 答案(省略)　(3) 答案(省略)

2. 简答题

答案(省略)

第 3 章　MySQL 表管理

1. 简答题

(1) 答案：(省略)　(2) 答案：(省略)

2. 选择题

答案：AC

3. 操作题

(1) 答案：(省略)　(2) 答案：(省略)

第 4 章　视图管理

1. 简答题

答案：(省略)

2. 选择题

答案：C

3. 操作题

(1) 答案：(省略)　(2) 答案：(省略)

第 5 章　索引管理

1. 简答题

答案：(省略)

2．选择题

答案：C

3．判断题

（1）答案：错　　　　（2）答案：对　　　　（3）答案：对　　　　（4）答案：对

第6章　修改数据

1．简答题

（1）答案：（省略）　（2）答案：（省略）　（3）答案：（省略）

2．选择题

答案：ACD

3．操作题

（1）答案：（省略）　（2）答案：（省略）　（3）答案：（省略）

第7章　查询数据

1．选择题

答案：ABCD

2．操作题

（1）答案：（省略）　（2）答案：（省略）　（3）答案：（省略）　（4）答案：（省略）

第8章　汇总查询结果

1．选择题

（1）答案：ABCD　（2）答案：ACD

2．简答题

（1）答案：（省略）　（2）答案：（省略）

3．判断题

（1）答案：对　　　　（2）答案：对　　　　（3）答案：对

第9章　子查询

1．选择题

（1）答案：BD　　　（2）答案：AC

2．判断题

（1）答案：对　　　　（2）答案：对

第10章　表连接

1．选择题

（1）答案：A　　　　（2）答案：A　　　　（3）答案：B　　　　（4）答案：C

2．判断题

（1）答案：对　　　　（2）答案：对

第11章　MySQL 中特有的 SQL 语句

1．选择题

（1）答案：C　　　　（2）答案：AB

2．操作题

答案：（省略）

3．判断题

（1）答案：对　　　　（2）答案：错

第 12 章　MySQL 数据库开发

1．简答题

（1）答案：（省略）　（2）答案：（省略）

2．选择题

答案：ABC

3．判断题

（1）答案：对　　　　（2）答案：错　　　　（3）答案：对　　　　（4）答案：对